渡过1

抑郁症治愈笔记

张进 著

中国工人出版社

我这十年——《渡过》系列再版序言

张　进

光阴倏忽。转眼间，《渡过 1：抑郁症治愈笔记》（下文简称“《渡过 1》”）出版已经七年，我的人生也为之改写。这次中国工人出版社打算把《渡过》系列三卷整体修订再版，嘱我写序，我得以重新审视过往的岁月。

（一）

从 2011 年到 2021 年，是我人生最跌宕起伏的十年。

先是一场不宣而至的抑郁，在七个月时间里彻底摧垮了我，那是我人生的最低谷；尔后，没有任何过渡，突如其来的转相，带给我全新的生命体验，激发了我的活力和创造力。幸运的是，我没有像很多抑友那样陷入一轮轮躁郁循环，而是渐趋稳定（我后来称之为“软着陆”），并成就了“渡过”的事业。回望过去，我总有一种无法言说的感慨。这十年的命运，哪些掌握在上苍手里，哪些是由我自己安排，不得而知。

唯有感恩。

是的，感恩。“渡过”的事业其实很艰难，我能坚持不懈做到现在，多半是因为我怀有感恩的心态。

2015年8月，《渡过1》出版，当即获得意想不到的成功。但今日重读，我已经无法想象，自己怎么在短短三年内，从对精神健康领域一无所知，到洋洋洒洒写出这本书。重要的还不是内容，而是写作的姿态：那样的胆大妄为，那样的不由分说，那样的舍我其谁——以十年的跨度看，我不得不承认，《渡过1》带有轻躁的色彩。

幸运的是，即使以今天的标准看，这本书的内容，包括其中很多断言，都没有大错。这可能归功于我20多年新闻职业生涯的训练，使我对新事物有一种直觉感受能力和整体把握能力。

比如，2015年的我，并未听说过现代医疗模式，但全书的结构——“他渡”（医疗）、“自渡”（心理）、“渡人”（社会）——却和现代医疗模式的“生物、心理、社会”完全吻合。冥冥之中感觉手中的笔不是掌握在我自己手中，而是一种命定。

但毕竟，囿于个人体验的局限，《渡过1》对抑郁的认知是不完备的。比如，过于推崇药物治疗，对心理治疗的论证则很粗浅，对社会支持的理解还很朦胧；很多观点缺乏论证，激情有余，理性不足。

《渡过2：接纳是最好的治愈》（下文简称“《渡过2》”）则是阶段性的产物。2016年，挟《渡过1》成功之势，我创办了

“渡过”公众号，半年内如井喷般积攒了一批文章，在此基础上编辑出版了《渡过2》。纵向来看，《渡过2》的意义，是促使我从药物转向心理，这从副标题已经可以体现——接纳是最好的治愈。

时光之水流到了2017年。继《渡过2》之后，我对抑郁的认知从心理层面进入社会层面。我清楚地记得，2017年除夕，我在灯下给“渡过”公众号写新年献词。我想到：在“渡过”社群，我结识了许许多多抑郁症患者，由于病耻感的存在，主流社会对他们的了解是扭曲和变形的，充斥着各种似是而非的想象。抑郁症患者的真实面貌，他们和自身性格，和家庭、社会、时代的复杂关系，从未被揭晓。

那么，如何更准确、更深刻地理解抑郁症？结合往日新闻工作经验，我萌生一个愿望：以“渡过”公众号为依托，去全国各地寻访有代表性的患者，参与他们的生活，和他们一起动态地研究抑郁症成因，总结应对抑郁症的成败得失，以此为当代中国的抑郁症现象，提供一个真实、完整的解释。

由此，2017年4月，我决定放弃新闻职业，漫游全国，采写《渡过3：治愈的力量》（下文简称“《渡过3》”）——这个决定，是否仍然带有轻躁的成分？不得而知。我能判断的是，在《渡过3》采写过程中，我渐渐回归理性。只是和《渡过1》相比，《渡过3》非常艰难，其间至少有三次打算放弃，只因不能回头，才咬牙坚持下来。

现在看，《渡过3》对我的价值是：其一，采访和写作历时一年，其间我对抑郁症形成了较为完整和独特的认知框架，这是我此后一切作为的指导思想；其二，《渡过3》为“渡过”的事业准备了队伍。从传播知识到解决实际问题，首先需要人，“渡过”的第一批骨干，很多都出自《渡过3》采写过程。

从这个意义上说，《渡过3》不仅是一本书，还是一个路标，一幅路线图。

（二）

十年前，我从重度抑郁中挣扎而出，出于对未知世界的好奇，一步步走上了研究和传播精神科学的漫漫长途。于我而言，这是一片神奇莫测的彼岸彼土，有绮丽的风景，有无穷的可能性；复杂深邃，变幻无穷。

十年来，对于抑郁的认知，我经历了一个螺旋式上升的历程。肯定、否定、否定之否定……这是一场思想的盛宴，散魂而荡目，迷不知其所之。

纵向看，我的观点是不断变化的。我曾经是坚定的“科学”派，认为只要吃药，抑郁症就一定能治好；再往后，我看到了心理治疗的作用，也发现离不开社会支持和个人的努力，包括世界观、价值观和人生观的提升。

故此，利用这次再版《渡过》系列的机会，我集中梳理一下我的核心观点，构成一个逻辑闭环，作为对《渡过》系列的补正。

一、抑郁是一连串事件的结果，要以“生物—心理—社会”

现代医疗模式作为应对抑郁的方法论。

抑郁不是简单的心理问题，也不是单一的躯体疾病，而是生物、心理、社会三方面因素在漫长的岁月里共同作用的结果。因此，当我们研究精神现象，或面对具体案例时，需要形成“四维坐标”——竖轴，分别是生物、心理、社会；横轴，是时间。有了这个坐标系，我们就能迅速、准确地定位抑郁，在一个时间跨度内，从“生物—心理—社会”三个方面寻找病因，分析内外环境，从而制定整体疗愈思路。

二、抑郁的本质是人体对于耗竭的消极自我调整，是对人体的警讯和自我保护。

“抑郁”两字重在“抑”而不是“郁”。“郁”是“郁闷”，“抑”则是“抑制”，是身心功能全面低下导致的失能状态。抑郁的原因千差万别，根本因素是能量耗竭。人的生命能量是恒定的，当一个人过度操劳，透支生命，体力、精力逐渐流失，人体便启动神经递质调节机制，阻断快感，抑制部分功能，强行减少活动，节约能量，让人休养生息。

从这个意义看，抑郁并非灾难，而是大自然主宰的物种延续进化出的生存策略，是对人的警讯和保护。它不仅是一个疾病现象，还是一个生命现象、社会现象和文化现象，是人类整体生活方式的问题。应对抑郁，需要采取药物、心理、运动、社会支持、价值实现等各种方法，对自己做全方位的调整和升级。

三、抑郁是一种具有自限性特征的疾病，可以自行缓解，对于康复要有信心，同时又要有耐心并积极治疗。

所谓“自限性”，是指疾病发生发展到一定程度，靠机体调节控制病情发展，病程自动停止，逐渐好转。最常见的自限性疾病是感冒，因此有人把抑郁症称为“心灵感冒”。由于抑郁症的背后是能量的消长，它也就如同感冒一样具有自限性特征，可以自行缓解，并不一定越来越重，而是时起时伏，周期发作，循环往复。不必担心抑郁症会变成重性精神疾病，或给人带来不可逆的器质性损害。

因此，我们需要保持信心，坚信抑郁一定能治好；同时又要保持耐心，要采取药物、心理、运动等各种方法积极治疗，而不能消极等待自愈。

四、抑郁症个体差异很大，没有最好的治疗方式，只有最合适的治疗方式。

在全球范围内，抑郁症的机理尚不明确。不同个体病因不同，症状不同，对治疗的反应不同，预后也不同。每个患者都是独特的，不存在一个“放之四海而皆准”的标准化治疗方案。不能寄希望于某种灵丹妙药，而要从“生物—心理—社会”三个方向通盘考虑；这三个方向的治疗方案如何组合，也要结合患者的个体差异，随时调整。这是一个试错的过程，最重要的是耐心和信心。无论医生还是患者，都要以包容的、开放的心态，寻找最合适的治疗方式；而适合自己的，才是最好的。

五、抑郁症是一个谱系障碍，病与非病没有明显的分界线。

抑郁症不是一种病，而是一类病，是对多种症状的统称。其临床表现千变万化，但如果抽象概括，它们又具有共同或相似的症状，呈现渐变的特征——这正是光谱的特性。

彩虹由七色光谱组成，但仔细观察会发现，这光谱中还有无数种颜色，在赤橙黄绿青蓝紫之间细微过渡，最终才成就七色光谱梦幻般的绚丽多彩。由此抑郁症可以视为一个谱系障碍，每一个人都在这个精神健康谱系的不同位置上，处于不同的发展阶段。因此，对于抑郁症，不必过于在意诊断（这往往是多变的），而需要根据症状制定多维度和个性化的治疗方案，并选择恰当的干预时机。同时也应该懂得，抑郁没有分水岭，病与非病没有明确的分界线，应该打消病耻感，保持自我觉察，未雨绸缪，努力让自己处于良好的生命状态。

六、药物治疗是抑郁疗愈首选项，心理治疗是必选项。

在目前各种抑郁疗愈方案中，药物治疗是基础。它绕过病因，以消除症状为目标，是对抑郁直接、快速、硬性的矫正，并为心理治疗等其他疗愈方式赢得时间和空间。很多人对药物治疗有疑虑，觉得药物治疗有副作用，见效慢，治标不治本，容易复发。但无论如何，药物治疗有循证依据，可操作、可复制、可验证、可重现，是相对最可把握的选择。

心理治疗则是另一个有效路径，其原理是通过调整来访者心态，消除内心冲突，改善神经过程，减少自我消耗和自我攻击，从而保护和补充生命能量，获得根本疗愈。由此看，心理治疗应用范围广，涵盖整个病程的所有治疗阶段，是治疗抑郁症的必选项。但心理治疗成本较高，有着严格的限定条件。心理治疗的本质是自我疗愈，如果下决心做心理治疗，就要学习心理学原理，找到自己的刺激点，明确要解决什么问题，然后谨慎评估自己的条件，找到相匹配的咨询师并积极配合治疗。

需要特别说明：药物治疗和心理治疗是不排斥的，完全可以同步进行，或交替进行。

七、社会支持是药物治疗和心理治疗的组成部分。

人是社会性动物，是环境的产物。人的一生，其生理和心理状态时刻受到环境和压力的影响。从病因看，和环境毫无关系的抑郁几乎不存在；从治疗看，抑郁康复和环境也息息相关。如果没有一个友好的支持性环境，患者千辛万苦取得的疗愈成果就会毁于一旦。因此，无论药物治疗还是心理治疗，都必须同步社会环境支持，就像人不能离开空气、鱼不能离开水一样，不可分割，不可或缺。

八、应对抑郁症，根本在自救。

和躯体疾病相比，精神疾病的疗愈更依赖于个体努力。如果一位患者选择药物治疗，则要遵从医嘱，“足量足疗程”，不要轻易减药、停药；如果选择心理治疗，就需要有足够的勇气来直面内心深处的黑暗和阴影，不断发现自己、创造自己，并要反复练习，才能改变认知和行为模式。因此，行动是抑郁疗愈不可缺失的环节，良好的心态、健全的认知行为结构、成熟的防御机制、强大的抗挫折能力，都需要在行动中逐渐获得。正是在这个意义上，抑郁症疗愈的本质是自救。

九、最深刻的疗愈是人的整体提升。

精神障碍的本质是冲突。与环境冲突，与社会冲突，与自我冲突。人最高的境界是内心的平静和满足，其要义是与自己和解，以审美的态度看待世界，以及自我价值的实现。因此，药物和心理治疗都是“术”，而价值重建、自我实现才是“道”。通俗地说，抑郁的彻底康复，是两句话，“努力做一个高尚的人”“努力做一点有价值的事情”。

最后做一个总体概括：

抑郁的根本特征是人体机能抑制，其原因是身心倦疲导致能量耗竭。因此，抑郁的本质是人体对于耗竭的消极自我调整，积极的办法是从生物、心理、社会三方面补充能量、节约能量和恰当使用能量，根本路径则是生活方式调整和人的整体境界提升。基于此，“渡过”的指导思想和使命是：以自身能力为约束，以敬畏之心设边界，紧贴社会需求，构建第三系统，践行陪伴者计划，打造生态疗愈模式，探寻完全、实用、个性化、有温度的中国特色心理健康之路。

（三）

以上，是我继《渡过》系列之后，于2019年最终形成的抑郁整体认知框架。这是一条“实践—理论—实践”的螺旋式上升之路，“渡过”的理论基础由此确立，并指引“渡过”的事业走过了科普和社群互助两个阶段，进入解决问题阶段。

相较于前两个阶段，寻找抑郁解决方案阶段有质的不同，从此“渡过”走进了一个凶险莫测的领域，这对我们又有巨大的诱惑——价值实现。这不是终点，因为对人类精神世界的探索是无止境的，将来我如果有新的思考，还会随时更新。

意大利历史学家克罗齐说：“一切历史都是当代史。”今日回顾，从《渡过1》到《渡过3》，我能清晰地看到我个人的思想演变和时代的痕迹。我曾自问：《渡过1》已经属于历史，是否还有再版的必要？很多友人给了我肯定的答复，他们说：你成长道路上的每一步，都是有价值的；历史会不断重演，不同的人自然会从你的历史真实中获得自己需要的东西。

巧合的是，2019年，我完成“抑郁完整认知框架”系列后，颇为自得，却有一位读者在文后留言说：“作者痊愈日久，对抑郁症已没有当初的直接感受，写的文章开始脱离患者实际，开始显得高大上、大而全，反而没有《渡过1》那样能直达患者心灵。”——这个评价让我既愧且喜。

故此，我也很愿意再版《渡过》系列，除去对个别硬伤作必要的修正，不做大幅增删，为的是保持原文风格，让今天的读者能够看到当年真实的我，真实的心路历程。

十年回首，从人生最低谷，到转相，到高点飘移，再到软着陆，这是一条艰险之路，容不得半点闪失。这条路如何一路走来？最终通向哪里？仍需继续探究，并以未来时日检验。

最后用《基督山伯爵》中的一句话与读者共勉：“直至上帝

向人类揭示其未来计划之日，人类的全部智慧都集中在这两个词之中——等待和希望。”

张进

2022年1月

序一

济世之志　仁厚之心

胡舒立

张进的书出版了，我很高兴。

我和张进相识多年。还记得1988年夏天，7月31日，22岁的张进从中国人民大学新闻系研究生毕业，一脸稚气地站在我面前，那情形宛如昨日。那时，我在工人日报社负责国际新闻部，他给我当记者兼编辑；2000年，张进加入《财经》，后来我们一起创办财新传媒。现在，他正是财新团队的核心成员。

还记得我们在工人日报社的时候，张进拼命工作，突然得了黄疸性肝炎，全身黄染，紧急住院，似乎是祸从天降了。我去看他，见他乐天而豁达，才20多岁的小伙子，对人生竟是有所悟的，我有些触动。运气好，病很快痊愈且没有留下什么后患，在甲肝患者中当然并不为奇。但我一直觉得庆幸，也觉得张进对疾病的坦然是有作用的。

后来我们同事多年，风风雨雨，起起伏伏，20多年结下极深的情谊，一直觉得他是那么乐观、向上、年轻、直率，前途无量。不料，三年前，他突然得了抑郁症。我当时不熟悉这个病，但分明看到这一回不一样，不知问题出在哪里，也不知如何才能帮他闯过这一关。

沉疴之中，张进走了半年的弯路，受了很多苦。我们心痛而无能为力。后来他靠友人相助，幸遇良医，一旦对症治疗，竟然很快恢复了。真正是大喜过望，我们是多么开心。

很多得了抑郁症的人，都遮遮掩掩，羞于承认自己得过这个病。张进则不然。这一回，他一如既往地坦然面对人生。在病情好转的第三天，就写下了自己的病中经历，发表在自己的博客上。他对我说，很多患者本人和家属、社会，对抑郁症太过陌生，他要把自己的经历公之于众，希望其他的患者接受教训，少走弯路，少受些苦。

之后，他用了很多精力，结合自己的情况，研究抑郁症。他边学习，边采访，边写作，写了一系列报道和文章，和患者分享自己的心得体会。

他的文章产生影响后，就有全国各地的患者找到他，寻求帮助。他总是尽力而为，有一些患者因他的帮助而受益。

我觉得，张进由病而医，他由己及人的关于抑郁症的见解和经验，主要是参考之用；而他的坦率真诚，他的善良的愿望，以及为患者排忧解难的济世之心，我是很赞赏的。

当今社会比以前复杂很多，人们遇到的矛盾、压力，面临的挑战也大得多。如何缓解压力，保持良好的情绪，是每个人毕生的功课。张进这本书，从自己的感受和经历出发，既有理论知识，又结合大量案例，深入浅出，对这些问题做了解答，相信会对读者有所裨益。

张进是个有才华的新闻人，文字修养很深。他的这本书不仅有知、有识，而且有趣，文字颇有余味。这是本书的另一重要价值。

2015 年 5 月

胡舒立，财新传媒创办人、社长。

序二

抑郁症患者应勇于求助

姜　涛

作为张进的医生，受邀为他的新书作序，深感荣幸。

张进只是我行医24年来许许多多病人中的一个。三年前，他第一次来找我时，已耽误了一段时间，症状稍微有些复杂。不过只要正确诊断，合理用药，并不太难处理；他觉得我治疗效果很神奇，在我看来，并不是什么了不得的事情。

我觉得，张进恢复得较好，除了治疗到位，他的意志、毅力和治疗依从性起了很大作用。张进临床治愈后，对精神医学产生兴趣，刻苦钻研，时间一长，竟成了专家。张进的这本书，从患者感受出发，对抑郁症做了多层次、多角度的解读，深入浅出，引人入胜，很多地方比我们医生说得都清楚，这是很不容易的。

现在“抑郁症”这个词很多人都挂在嘴边，实际上，中国人对这个疾病的认识还处在非常初级的阶段。中国在2012年12月才颁布了第一部《中华人民共和国精神卫生法》；精神科医生缺口 40 万，远远落后于发达国家。很多人不能正视抑郁症。自己不承认，外人不理解。

我有一位在国外的朋友，自己开公司，有上百名雇员，定期去世界各地度假打猎，购买各种奢侈品。很显然，他属于别人眼中的成功人士。但很少有人知道，他内心生活着一只大鳄鱼，咬住他的情绪往下面拉。表面的风光弥补不了他内心世界的悲苦。

他想过自救，辞了职，离开喧嚣的城市，跑到茫茫大山里生活了一个多月。似乎活明白了，回来确实轻松了一段时间，但很快又被那条鳄鱼拖下水。他自问：难道还要再去山里，或者到沙漠中生活、思考？要不就一死了之？几番挣扎，才转向医院求助。

经诊断，他是典型的抑郁症患者。抑郁症的确有自愈的可能，不过比例不高。心理治疗有一定作用，药物治疗才是最有把握的。但这位患者最先的反应，是自己解决问题，直到想自杀才来找我。对这样一部分不愿意上医院的抑郁情绪携带者或抑郁症患者，如果能让他们学到抑郁症知识，掌握正确的应对方法，就可以大大提高救治成功率。这对提高社会幸福指数是大有裨益的。

张进这本书，正可起到这个作用。目前，抑郁症书籍分两类。一类是理论型，放在书店的医学区；另一类以讲故事和心理疗法为主，放在健康区或者心理区。大多数读者会选后者，因为前者晦涩枯燥。张进这本书，叙述了他从患病、外界介入、临床治愈，到帮助他人的全过程，阐述了抑郁症患者重返社会可能遇到的问题以及解决方法，还探讨了如何克服负面情绪，缓解生活压力。他从一个过来人的角度，把理论和实践结合起来，既有科学性，又有故事性，相信能给患者提供很多帮助。

如果你不那么成功，发现自己没有向上的动力，可以读读这本书；

如果你在别人眼里很成功，但内心深处郁郁寡欢，也可以读读这本书。

作为旨在促进人们心理健康的医生和教育工作者，我的任务之一就是帮助人们管理情绪，获得身心健康。故此，我愿意在这篇序言中，放大临床医生的声音，表达我的心愿。愿天下遭受抑郁症等精神疾病折磨的人们，学会正确的应对方式，早日摆脱病魔，过上正常的生活。

2015 年 5 月

姜涛，主任医师，首都医科大学精神病学系副教授，现任北京安定医院第八病区主任。专攻精神分裂症的诊断与治疗，研究方向为精神药理学。

自序

渡己渡人

这本小书，是从我抑郁症病愈后所写全部相关文章中精选而成。

抑郁症是一个医学难题。作为业外人士，触碰这样高度专业的领域，是很冒险的。但我仍然愿意以最大的热忱和勇气，记录下我的思考和实践，奉献给读者们。

三年前，没有任何预兆，抑郁症不知不觉袭来（准确地说，我的诊断应该是“双相情感障碍抑郁发作”，为了行文方便，简称“抑郁症”）。当时，我自己及身边，没有一个人了解抑郁症。完全不同于其他疾病的诡异体验，瞬间击倒了我。被疾病裹挟着，我度过了长达半年的病程。

那是一段黑暗的岁月。是无知而非疾病，构成了对生命的巨大恐惧。从病愈那一刻起，出于对疾病的好奇，也出于责任心，我开始研究抑郁症，想搞清楚折磨了我半年之久的怪病到底是怎么回事；并要把我的心得告知同病者，让他们少走弯路。

我清楚地记得，第一篇文章写于2012年8月28日。此前一段时间，治疗突然见效。如同一阵狂风，吹散了浓密的乌云；几乎没有任何过渡，我豁然而愈。体力、活力、思考功能、写作功能，在瞬间全部恢复。怀着难以言喻的喜悦，我以《地狱归来》为题，简略地记载了这个过程。

回过头看，我对于抑郁症的学习，是不符合科班程序的。我是“急用先学”，首先想搞清楚，治疗为何会突然见效，于是把用过的11种药，它们的化学结构、适应症、不良反应、毒理药理，挨个研究了一遍；由此延伸到抑郁症的病理知识；同时阅读大量病例，增加感性认识。

再后来，当零散习得的知识片段逐渐交汇，构成一张“网络”后，我找来大专院校的精神科教材，系统学习了一遍；有一段时间，我甚至利用双休日，到安定医院姜涛医生的诊室，旁听他给病人看病，获取实际经验。

记者职业也给我提供了便利。我把抑郁症作为报道选题，广泛采访。就这样，个人体验、学习体会、采访所得，结合在一起，我开始系统地撰写文章。

这些文章传播出去后，渐渐有很多患者及家属慕名找我咨询。千奇百怪的病例扩大了我的视野，我真切地悟到，为什么说抑郁症是一种“特异性”疾病，为什么治疗这么困难。

为患者咨询让我感受到价值的实现。赠人玫瑰，手有余香，这是至高的快乐，也为我提供了进一步学习的动力和方向。很多时候，我是为解答患者的提问而学习。

三年来，在本职工作之余，我边学习，边采访，边接受咨询，陆陆续续写成这些文章。蒙中国工人出版社不弃，汇集成册。精神医学博大精深，我深知只窥见冰山一角；我不敢自夸，唯一能自慰的是，我有足够的真诚和认真。这些文章，在最初是写给自己的——或因为此，它会有一些价值。

感谢为我治疗的姜涛医生，感谢向我咨询的患者和家属，感谢我的亲朋好友，感谢中国工人出版社的编辑。没有他们的帮助，不可能有这本小书。

是为序。

张进

2015 年 5 月

目录

他渡

自　渡

渡　人

后　记

附录一

附录二

附录三

REBIRTH

再次呼吸

他渡

题记

相信科学

“渡”者，由此岸及彼岸也。佛教以此岸喻生死轮回，彼岸喻涅槃圣地。所有人皆在生死中，故皆在此岸；而觉悟者，则已从此岸，渡烦恼河，抵达彼岸。从此岸到彼岸，是一个人终生的修为。

但抑郁症患者不在此列，因为他们所处并非人间。毫不夸张地说，抑郁症患者生活在一个玻璃罩中，外部的世界，现实、透明、看得见，却是隔绝的。对于他们，“渡过”不只是宗教情怀，更具有实实在在的拯救的意义——从地狱回归人间。

故此，本书的书名，以及三个篇章，都以“渡”为主题。上篇“他渡”，意指现代医学对患者的拯救。其中第一篇《地狱归来》，是我的自述，回忆了从患病到临床治愈的经过；接下来几篇，是我病愈后钻研精神医学的心得体会。

对于中度以上抑郁症患者，接受“他渡”，即现代医学的干预，是必不可少的。这是对科学的信念。希望我写的这本书，能够让抑郁症患者相信科学，面对现实，积极求治，以依从的心态，完成现代医学对自己的拯救。

地狱归来

患　病

从 2012 年初到 3 月，我逐渐发病。最初的病象是失眠，每天睡眠时间越来越少，后来发展到服用安眠药也彻夜不眠的程度。

3 月中旬，在连续两周彻夜不眠后，身体终于崩溃，我不得不离开了工作岗位。

病休之初，自以为只要好好休息，恢复睡眠即可。岂知越来越恶化，每天完全睡不着。每次都是在困倦昏沉到即将入睡之际，会突然心悸，然后惊醒。记得当时我给一个朋友发短信描述说：“感觉有一个士兵把守在睡眠的大门口，当睡意来临，他就用长矛捅向心脏，把睡意惊走。”

在失眠的同时，身体不良症状开始出现。头痛、头晕、注意力无法集中，没有食欲，思维迟缓，做任何事情都犹豫不决。自己明显觉得变傻了。

求　医

病休两周后，在朋友的提示下，我终于犹犹豫豫地去安定医院看病。医生给出诊断：中度抑郁偏重。开了三种药：劳拉西泮片、氢溴酸西酞普兰片、佐匹克隆片。

这三种药，氢溴酸西酞普兰片是主药。起初每日服用一粒。一周后加到一粒半；再一周后加到 2 粒。服药之初，由于劳拉西泮片的镇定作用和佐匹克隆片的催眠作用，睡眠稍有改善，每晚能睡四个到五个小时。

但是，情绪、思维和行动力没有丝毫改善。就这样我熬了两个月，医生终于决定换药：把氢溴酸西酞普兰片逐渐减量至一粒、半粒；同时新加一种药，即米氮平，剂量在一周内从半粒加到一粒半。

米氮平有极强的催眠作用。刚服用时，睡眠有所改善，可以不用服佐匹克隆片，就能睡五个至六个小时。但随着身体产生耐受性，催眠效果递减。

同时，其他症状没有丝毫改善。每时每刻，我的大脑都像灌了铅，或者像被一只无形之手攥住，昏昏沉沉，思维缓慢，说话磕巴；胸口火烧火燎地难受；不想做任何事情，或者做任何事情都很犹豫畏缩；不想说话，不敢接熟人的电话，不看短信，或看了短信也不回。当然不想见任何人。每天早晨从一睁眼开始，我就不知道这一天怎么度过。躺在床上，或呆坐着，或在房间里走来走去。就这样慢慢地耗着时间。

后来，我看到美国作家安德鲁·所罗门在《忧郁》一书中，描写自己的病况，感同身受。他是这样写的：

人类文字中对于崩溃阶段的忧郁症描述并不多，处于那个阶段的病人几乎全无理智，但他们却又需要尊严，一般人往往缺乏对他人痛苦的尊重。无论怎样，那都是真实存在的，尤其是当你陷入忧郁的时候。

我还记得，那时我四肢僵硬地躺在床上哭泣，因为太害怕而无法起来洗澡，但同时，心里又知道洗澡其实没什么可害怕的。我在心里复述着一连串动作：起身，然后把脚放到地上，站起来，走到浴室，打开浴室门，走到浴缸旁边，打开水龙头，站到水下，用肥皂抹身体，冲洗干净，站出来，擦干，走回床边。12 个步骤，对我来说就像经历耶稣的艰险历程一样困难。我用全身的力气坐起来，转身，把脚放到地上，但是之后觉得万念俱灰，害怕得又转过身躺回床上，但脚却还在地上。然后我又开始哭泣，不仅因为我没办法完成日常生活中最简单的事，而且还因为这样让我觉得自己愚蠢无比。

转　机

在无助和绝望中，时光之水无声无息地滑过。到了2012年6月上旬，医生给我下了“重度抑郁”的诊断。劝我住院，接受电击疗法。

我不能接受住院和电击。混沌中，接受一个朋友的意见，决定换医生、换药。

这次，我找的是安定医院临床经验非常丰富的姜涛医生。他的用药风格和前一位医生迥然不同。他果断地让我停用原先的三种药，开了四种药：奥沙西泮、瑞波西汀、米氮平、艾司唑仑（奥沙西泮是镇定药，瑞波西汀是神经递质去甲肾上腺素的再摄取抑制剂，艾司唑仑是助眠药）。

一周后复诊，又开了三种药：碳酸锂、舍曲林、思诺思（碳酸锂是情绪稳定剂，舍曲林是另一种神经递质5－羟色胺的再摄取抑制剂，思诺思是另一种助眠药）。

在服用这些药后，我逐渐出现严重的副作用：头疼、头晕、内热、尿潴留、震颤，等等。记得震颤最严重的时候，我手抖得无法用筷子把饭菜吃到嘴里；喉咙无法发声，说话像低吟，一天里说不了几句话；双腿发软，迈不开步子，走起路来觉得高低不平，下不了楼梯；味觉失灵，嘴巴发苦。

这些天，是我有生以来最痛苦的时期。同时服用这么多种药（加在一起每天服用十几粒），正作用没有产生，副作用却一个不落地出现了。

那一段时间，我内心充满了绝望，不知道哪一天是终点。我对自己说：“熬了四个月，终于是这几种药把我打垮了。”

完全是靠理智，遏制住想自杀的念头。记得那时乘电梯，我都用理智告诉自己，远离电梯旁的窗口，就怕自己瞬间冲动一跃而下。

恢 复

不幸中的万幸，在服药第 16 天，我隐隐约约感觉到药起效了。

最初的迹象是自己可以看手机。我的手机是在 3 月新买的，因为患病，一直没有开发它的功能。在换药后的第 16 天，百无聊赖中，我拿过手机，信手试了试各项功能。突然发现：我居然注意力集中半小时做了一件事情！我算了算服药时间，内心萌生出希望：药可能起效了。

第二天，药效越来越明显。我可以集中注意力看电脑，可以看书。我明显感到自己头脑清醒，思考问题有了系统性，做事有主动性，也不怕见人、接电话、回信息了。

同时我发现自己开始有了愿望。在街上看到过去喜欢吃的东西，很自然产生了想吃的愿望；见到同事和朋友，也会产生久违的亲切感。

当我发觉自己重新恢复了情感能力时，内心的狂喜难以言喻。要知道，一个人，如果失去了愿望和情感，那就不是一个人，而只是一具躯壳，是行尸走肉了。

在最初恢复的几天，我情绪高涨，睡眠时间又大幅度减少，甚至有一次彻夜不眠。当我把这个迹象告诉我的主治医生时，他当即对用药做了调整：减少了瑞波西汀和舍曲林的剂量，新开了奥氮平（奥氮平主治精神分裂症，但有压制兴奋的效力）。

又两周后，彻底停掉了瑞波西汀，舍曲林减半。

又两周后，再增加一种药：拉莫三嗪（属情绪稳定剂）。

我对此大惑不解：为什么药见效后，要停掉有疗效的药，而新开别的药？同时不但不减药，还要加药？

医生回答：我不是简单的抑郁症，而是双相障碍抑郁发作。

大意是说：单相抑郁是典型的抑郁症；双相抑郁则不但有抑郁，且同时伴有兴奋。

双相的表现又千差万别，可大致分为Ⅰ型和Ⅱ型。Ⅰ型是典型的双相，即表现出过度的兴奋和躁狂。对于Ⅰ型，不能使用单纯的抗抑郁药物，否则不但不能治疗抑郁，反而会促使从兴奋到抑郁快速循环，最终导致耗竭。

Ⅱ型是非典型双相，以重度抑郁为表征，躁狂迹象则不显著，表现为少睡眠、情绪高涨、做事说话快而多等特点。

至写作本文时，我仍然服用六种药：舍曲林（早晨1粒）、奥氮平（晚上1粒）、碳酸锂（早晚各2粒）、奥沙西泮（早晨和中午各半粒，晚上2粒）、拉莫三嗪（早晨四分之一粒）、思诺思（临睡前1粒）。

虽然我非常不愿意吃这么多种药，但毕竟靠这些药，使得病情越来越稳定。

并且，我已经可以上班了。现在，最重要的是巩固疗效，防止复发。

感　受

患病 5 个月，我有这几点体会：

1. 如果患病，要承认现实，面对现实。不要遮遮掩掩，羞于承认自己患有精神类疾病。

2. 抑郁症是一种功能性障碍，而非简单的心理问题。要及时到专业医院，找临床经验丰富的医生看病。

3. 坚持服药。治疗抑郁症的用药原则是“足量足疗程”。大部分抗抑郁药起效至少两周，千万不能因为药的副作用大而自行减药和停药，否则前功尽弃。

4. 正确的心理治疗对轻度抑郁症患者有效，如果抑郁症发展到中度和重度，只能先靠药物改善大脑神经递质的失衡，再考虑心理治疗。中药对抑郁症的疗效尚不确切。

5. 坚持、坚持、再坚持。对于严重的躯体症状和内心的绝望，只能靠意志熬过去，别无他法。尤其在服药的前两周（即正向效果未出现而副作用严重时），一定要用理智让自己不具备自杀的条件。

据统计，抑郁症患者中，三分之一可以自愈，三分之一发展成慢性，三分之一自杀。一定不能让自己成为最后的三分之一。

6. 不要让自己闲着，努力思考一些事情，做一些事情。尽可能做一些工作。工作本身就是最好的治疗方式。

为何抑郁症患者容易自杀

很多抑郁症患者都会把自己封闭起来，封闭是他们对抗外部世界的本能防御方式。封闭可以缓解患者的伤痛，但却会构成新的心理障碍。自杀是另一种防御方式，或许可以称之为终极防御。这种防御最快捷、最有效，也最彻底，只不过，它带来的是毁灭。

中国有病历记录的抑郁症患者超过 3000 万人，如果加上未曾就诊的患者，保守估计约 9000 万人。抑郁症患者最严重的后果是自杀。据一项统计，在中国，自杀和自杀未遂的人群中，50%~70% 是抑郁症患者。

上海精神科医生颜文伟曾经有一个推测：抑郁症患者如果不予治疗，约三分之一会自然恢复正常，大概需时半年到一年；另三分之一会反反复复，拖成慢性；再三分之一最终会选择自杀。

这两年，有不少抑郁症患者或其家人来咨询我，我往往会详细询问他是否有过自杀意念。在我看来，抑郁症患者产生自杀意念，再正常不过。

曾经有一个朋友，因为严重失眠、情绪长期低落来找我，让我判断他是不是抑郁症。我详细询问后，最后问了一个问题："你想过自杀吗？"他回答："自杀……自杀是唯一严肃的哲学问题……"我打断他："不谈哲学，就说你最近有没有具体想过自杀？"他回答："没有。"我说："恭喜你！你还算不上典型的抑郁症。"

那么，为什么抑郁症患者想自杀？抑郁症患者自述"生不如死"，是夸张还是现实？答案当然是后者。原因，我来一一解析。

我个人的体会（不代表全部），首先，抑郁症和其他疾病一样，患者的躯体经受着痛苦折磨。很多人认为，抑郁症是心理疾病，殊不知抑郁症首先表现为生理疾患，那时，患者完全不会知道自己得的是抑郁症。

比如，头痛。这种疼痛是一种钝痛，不剧烈，但沉重，有重压感。它有如一片乌云，盘踞在你的大脑里。有时候突然消失，就像是被风吹走；但你不敢轻松，因为你知道它还会不期而至，你恐惧地等待着它的到来……

再如，胸闷、胃痛、肩颈痛、耳鸣、心慌、食道堵塞感和烧灼感，等等。不同的患者，会有不同的躯体症状；同一个患者，在不同的时期也会出现不同的症状。有一个患者曾经在电话里对我哭诉："我现在全身没有一块地方是好的。"

最奇异的是，有一位广西患者，他的躯体症状是肛门疼痛。后来，这竟然成为他复发的前兆。

当病程发展，且出现服药副作用后，病人又会合并程度不同的行动障碍。手抖、走路不稳、触觉敏感、易惊跳、坐立不安，类似于焦虑症状，医学上称之为"精神运动性不安"。

再往后，会发展到思维障碍、阅读障碍、语言障碍；怕风、怕水、怕声音……全身心的痛苦，称之为度日如年绝不夸张。

其次，专属于抑郁症的一个特点，是快感阻断。当发展到重度阶段，属于人类的所有快乐、各种欲望，统统消失了。患者每天情绪极度低落，觉得做任何事情都毫无意义。对于他，人生不再是新鲜和快乐的旅程，而变成痛苦的炼狱。

有一位患者，他的朋友们努力让他开心起来，带他去吃美食、旅游，让他干适量的工作以获得价值感，等等，百无一用。后来，一个朋友尝试着问："假如你所有的愿望都实现，你会高兴吗？"他听了，想了一会儿，无力地摇了摇头："没有愿望。"

为什么会这样？原因很简单，大脑的器质性病变切断了他欲望的通道。

最后，与快感缺失相关的另一个特征是绝望。这是抑郁症患者的又一共性。自我评价无限降低、自责、自罪，患者普遍觉得未来一片灰暗，看不到任何希望。痛苦和巨大的无价值感，足以吞噬他的一切。

我认识一位患者，仅仅是疾病早期，就萌生严重的不祥念头。她告诉我，在家里，看到儿子穿着新衣服活蹦乱跳，心里就非常酸楚："妈妈明年这个时候就看不到你这样快乐了。"

上述抑郁症患者的躯体疼痛、快感缺失、悲观绝望，还不是最可怕的。最可怕的，是情感的丧失。

当病程再发展到一定程度，患者会变得麻木、呆滞。抑郁症的一个基本的表现，就是患者不再能体验情感和生活的美丽。世界上的一切，喜怒哀乐、爱恨情仇，都与他无关。亲人朋友近在咫尺，他却远在天涯。他不但丧失了快乐、希望，最后还丧失了爱的能力、审美的能力。这个时候，人就成了一具躯壳，成了行尸走肉。

我记得，病情好转后，我曾经看过一部电影——《画皮 2》。这部电影我并不喜欢，我觉得它有些矫揉造作。但是，电影中有一个情节震撼了我。电影中，雀儿对小唯抱怨说："做人有什么好？还不如做妖快乐！"小唯突然发怒，一连串地质问："你懂什么？你有过人的体温吗？你有过心跳吗？你闻过花香吗？你看得出天空的颜色吗？你流过眼泪吗？世上有人爱你、情愿为你去死吗？"

这一瞬间，我如同遭遇雷击，醍醐灌顶。想象一下吧，一个人，如果身体承受着深重的苦难和折磨，一天中没有一时一刻感到快乐，对未来完全绝望，又无法感知亲情、友情，以及色彩、阳光、美和爱，这个世界就不是人的世界，对他还有什么意义？

2013 年 2 月 16 日深夜，一位网名叫“sierna 赛娜”的抑郁症女孩跳楼自杀。在迎来最后时刻之前，她在自己的微博上留下了一段遗言，冷静、清晰、痛楚。实录如下：

抑郁症太痛苦，世界变得黑暗扭曲，再努力也感受不到任何美好，想什么都想到死……抑郁多年，一直没法完全感受到正常人的乐趣和追求，只是以为自己生性冷漠被动。元旦高烧三天后，开始经历抑郁症暴发，整夜失眠，兴趣欲望全部消失，抗拒交流，变得邋遢懒惰，身心状态全面恶化……

春节前在安定医院确诊为重度抑郁症，发展至今失去大部分记忆、思考、交流和行为能力，没有方向感，无法组织语言文字，大脑仿佛被绑架，甚至连点餐和发邮件都难以顺利完成，药物治疗的副作用更像恶狗噬咬身心……请大家理解我的挣扎和无奈，原谅我的自私和懦弱。再见，爱你们。

让人痛惜的是，生命不再，而死亡并非无可避免。

当发展到重度阶段，属于人类的所有快乐、各种欲望，统统消失了。人生不再是新鲜和快乐的旅程，而变成痛苦的炼狱。

如何干预抑郁症患者自杀

抑郁症是最能摧残和消磨人类意志的一种疾病。抑郁症会带来两个后果，一是严重降低生活质量，患者生不如死；二是患者真会去死，即自杀。

如何干预抑郁症患者自杀，是一个严峻课题。许多人不懂抑郁症，仅有良好意愿，瞎出主意，往往收效不大，甚至事与愿违。

我从个人经历出发，给干预抑郁症患者自杀提出几个建议。

首先，要积极求治。血的事实告诉我们：抑郁症必须治疗。许多患者的亲朋好友认为，抑郁症只是心理、情感问题，只要谈谈话，疏导疏导，“打开心结”，就能“走出来”。这实在是对科学的无知。

至于患者本人，得了抑郁症，起先不自知；挨了很多时日，才会犹犹豫豫走上求治之路。那时他心理准备不足，当医生告诉他，疗程很长，至少半年以上，甚至两年、三年，还要不断复诊、复查，他就会畏难、绝望、抗拒，经常不能坚持治疗，最终酿成悲剧。

据一项调查，中国有62.9%的抑郁症患者从未就医，只有10%的患者接受过正规药物治疗。

一旦走上漫漫治疗长途，就会有亲朋好友来出主意，提出无数建议：西医、中医、心理、练功、灵修、念咒，等等。到底哪一种有效？在此我可以告诉大家：西医的疗效较可把握；心理疗法应该有效，但受很多条件限制，较难把握；中医是否有效，尚待科学验证。至于练功、灵修、念咒之类，基本不靠谱。

因此，一旦发现自己得了抑郁症，不要犹豫，立刻去看西医；根据自己的病情程度，请医生决定，是吃西药，还是看心理医生。不要浪费宝贵的时间。在抑郁症早期，时间就是生命。

其次，干预抑郁症患者自杀，最关键的是判断患者何时最有可能自杀。

自杀分三个步骤：自杀意念、自杀企图、自杀实施。几乎每个抑郁症患者都会有自杀意念和企图，但要走到实施这一步，还需要客观条件。

依据抑郁症临床症状表现，医学上把抑郁症分为轻度、中度和重度三个阶段。轻度抑郁症患者心境低落，兴趣和愉快感丧失，容易疲劳，多思多虑，自卑消极，无缘无故出现多种躯体不适；到了中度阶段，还会追加脑功能阻滞和精神运动性阻滞，患者感到自己大脑思维功能、行动功能和社会功能下降，不敢见人，人际交往发生障碍；到了重度阶段，患者情绪极为抑郁，无法感知喜怒哀乐，思维动作严重迟缓；语速慢，语音低，语量少，应答迟钝，严重者可呈木僵状态。一天之内，经常不言不语，不动不吃。

那么，是不是重度抑郁症患者自杀危险最大？

不是。这正是抑郁症的独特之处：抑郁症患者自杀，往往发生在从轻度向中度恶化，以及从重度向中度好转的阶段。真正的重度患者不会自杀。

究其原因，抑郁症药物治疗的特点是，先改善患者的动力，后改善患者的情绪。自杀要具备两个条件，即自杀的意愿和执行的动力。重度患者往往大脑一片空白、体力不支，不具备自杀能力；而药物一旦起效，患者大脑的抑制先得以解除（有了动力），可是情绪的好转要落后一周（自杀意念运在），自杀往往在这一阶段发生。

也许患者再坚持一两天，就能挣脱黑暗，迎来光明。但是，他看不见曙光在前，放弃在最后一刻，功亏一篑，让人扼腕叹息！

干预自杀，就要学会识别患者从轻度向中度恶化，尤其是从重度向中度好转的关口。在这两个时段，要把患者看好，最好寸步不离。一旦出现闪失，后悔莫及！

曾经有一位患者家属找到我说，患者吃药一个月，无效，最近拒绝吃药，在家里闹得鸡飞狗跳。我立刻意识到，患者有力气闹，可能药要见效了。我叮嘱家属，由他闹，不用劝解，只需做好两件事：一是督促他每天吃药，一粒不能少；二是把家里的阳台、窗户封好，寸步不离人。又过了几天，家属告诉我，患者好转了。

意志比较坚强的患者，则要有自我拯救意识。自杀往往发生在一念之间，很多时候仅靠意志难以抵抗自杀的冲动。这时，就要有意识地让自己不具备自杀的条件。一般来说，割脉疼痛，服毒寻药不易，投河水面难觅，自缢程序太复杂。只有跳楼简单易行。所以，一定要让自己远离高处，以防一跃而下的冲动。只要死起来不那么容易，自杀冲动就会再而衰、三而竭。

一位患者病愈后告诉我，他曾经准备跳楼自杀，可是阳台封得太紧，使劲儿推了几下，推不开，沮丧得一屁股坐在地上大哭。过了这个劲儿，也就不想死了。

在一天之中，抑郁症患者多在凌晨自杀。这是因为患者的情绪变化晨重暮轻。患者往往早醒，那时情绪最为低落，想到漫长痛苦的一天即将开始，不知何时才是尽头，自杀的念头就会蜂拥而至。

最后，前文说过，在自杀高发期，患者需要看护，最好寸步不离。那么，如何尽到看护之责？我的体会是：陪伴，而不是说教。

很多人认为，抑郁症是心理问题，要给患者“打开心结”。殊不知抑郁症本质上也是生理性问题，在中度和重度抑郁阶段，劝他“想开点”“不要死”没用。要以陪伴为主，不要讲大道理，须知世界上最不缺的就是道理；要让患者知道，他需要时，有人在；不需要时，就可以安静待着。别打扰他，不要喋喋不休，瞎出主意。

记得我在病中，同事们想了无数办法救我。洁琪强行登门送生鱼片；张翔哄我去青岛旅游；徐晓老师强迫我去看心理医生；继伟裹挟我参加文化人聚会；舒立安排我编一些稿以恢复自信，甚至打算在顺义找一个农场让我居住，像晚年托尔斯泰那样参加农业劳动。其心可感，其效全无。

我曾看过一个心理医生，她高谈阔论整整一个小时。我看她越谈越起劲儿，口若悬河，两眼放光。心想：这是谁给谁治病啊？

还有一个昔日的女下属来看我，一见面，就强拉我出门散步。那时我已步履蹒跚；她挽着我的胳膊亲切地给我讲了很多道理。说着说着，她突然站住，愣愣地看了我几秒钟，如梦初醒般，说：“嗨，我和你讲这些干啥！这些不都是以前你教给我们的吗？”

行文至此，最后说一个纯粹技术性问题：尽量给患者安排一个阳光充足、色彩鲜明的居室。据我体会，抑郁症病重时，患者的视觉会发生变化，看任何东西都是灰色的。让患者的房间光亮鲜明，有助于情绪改善。

抑郁症是心理病变还是器质性病变

我一直认为，“抑郁症”这个名字不科学。“抑郁”是对心境的描述，是心理名词。很多人望文生义，就认为抑郁症是心理疾病。包括有些患者，也宁愿接受这个判断，不去看病，幻想着换换环境，调整一下，病就好了。

有这样的幸运？有。抑郁症是一种带有自限性特征的疾病，病情发展到一定程度，有时靠患者自身的生命力量也能自动终止病程。据经验统计，约有三分之一的患者不治疗，耗个一年半载，也会逐渐痊愈。但是，这样做非常危险。因为这一年半载日子难熬，生存质量低，自杀风险大；而所谓“好了”，只是不发作而已。它像一把达摩克利斯之剑，悬在头顶，不知道哪天还会落下。

时至今日，现代科学已经证明，抑郁症不仅是心理疾病，更是一种功能性疾病。

在人类早期，古希腊人认为，抑郁症是人体内四种体液——血液、黏液、黄胆汁、黑胆汁不平衡导致的。这个说法当然不科学，但它把抑郁症和生理因素联系起来，是一个天才的猜测。

到了公元前3世纪，对大脑的研究出现突破，发现大脑掌管思考，小脑掌管肌肉运动，神经系统理论由此建立。后来，更进一步的研究认为，“精神障碍即为脑疾病”，如果大脑有个风吹草动，精神障碍可能因之而生。

20世纪中叶，是人类历史上一个科学进步时代。抑郁症的研究出现了革命性变化：研究人员收集并解剖了一些抑郁症自杀者的脑部标本，通过显微镜看到大脑内三种神经递质（血清素即5-HT、去甲肾上腺素和多巴胺）的浓度低于常人。由此确定了一个研究方向：寻找抑郁症和这三种神经递质浓度之间的对应关系。

先介绍一下什么是神经递质。我们知道，人脑中有几亿个脑细胞，称为神经元。两个脑细胞之间，有一个间隙。人脑传递信息时，前一个脑细胞的神经末梢就会释放出一种化学物质，其使命是载着信息，跨越间隙，像邮差一样把信息传递下去。这个化学物质，就叫神经递质。

大脑的神经递质有很多种，最主要的，就是上述三种：血清素、去甲肾上腺素和多巴胺。

这三种神经递质，其功能不完全一样。比如，血清素掌管情感、欲望、意志；多巴胺传递快感；去甲肾上腺素提供生命动力。如果这三种神经递质失去平衡，神经元接收到的信号减弱或改变，人体就会出现失眠、焦虑、强迫、抑郁、恐惧等症状，表现为抑郁症、双相情感障碍、精神分裂症，以及其他大脑疾病。

抗抑郁药物就是在上述理论指导下，针对这三种神经递质研制出来的。比如，现在最常见的 SSRIs 系列，全名为“选择性 5-HT 再摄取抑制剂”，其功能便是专门抑制大脑对血清素的回收，从而保持血液中血清素浓度的平衡。

最早抗抑郁症药物异烟肼的发现，纯属偶然。那时异烟肼是抗结核病药物，在做药物实验时，意外发现结核病患者服用异烟肼后会出现欣快情绪。顺着这个路径，第一代抗抑郁症药物被研制出来。如今，抗抑郁药物已经进化到第三代、第四代。这些抗抑郁药物的有效性，充分证明抑郁症和这三种神经递质存在着确切的对应关系。

近年来，中国对抑郁症病理的研究，也偶有进展。川大华西医院放射科、华西磁共振研究中心主任龚启勇、贾志云博士和心理卫生中心教授况伟宏等专家，利用先进的影像医学技术研究发现，大脑前额叶和边缘系统等脑区的特征性异常和神经通路受损，可能与抑郁症自杀行为有关。

这些专家还招募了 16 例自杀未遂者和 36 例无自杀行为的抑郁症患者，利用新型功能型核磁共振技术，对他们的大脑灰白质体积和白质纤维的完整性做研究。通过大脑影像对比，发现这些自杀未遂者大脑内左侧内囊前肢部分各项异性值明显降低，提示该区域白质破坏导致额叶纹状体通路受损。

不过，这仍然只是对现象的描述。相关性确实存在，但为什么相关？机理尚不清楚。抑郁症的发病机制很复杂，目前仅有一些假说，这些假说都有一些研究结果来支持，但这些假说有时互相矛盾，甚至互相否定。

现在倾向于认为，抑郁症是一组病因和发病机制不同的异质性疾病，而不是一种疾病。它们各有其发病原因和机制，无法用一种病因和机制做出解释。

至此，结论很清楚了：抑郁症不只是简单的心理病变，同时还是一组功能性病变。最初，尚无法观察到大脑是否受到损伤，但如果病程太长，造成患者大脑海马区体积缩小，这时功能性病变就可能转化为不可逆的器质性病变。

和很多人一样，我也曾不假思索地认为，抑郁症是患者意志不够坚强所致。现在才知道，未曾患病的人，也许永远也不能体会患者内心的挫败、孤独和苍凉。由于大脑发生功能性病变或器质性病变，他遭遇意志无法控制的精神障碍和痛苦。局外人站在道德制高点上，居高临下甚至带有一丝优越感地同情、开导或者指责他们，是不科学也是不公平的。

和身体其他疾病相比，抑郁症还不易被自我察觉。如果得了疾病，如感冒，因有外来病原体入侵，身体产生免疫反应会发烧、流涕；如果受了外伤，伤口会发炎、肿胀，从而发出警讯。而大脑病变是悄无声息的，患者直到情绪严重低落，认知发生偏差，才觉得不对劲。这时，还经常自以为只是心理问题。

写到这里，你们也许可以理解，为什么我认为“抑郁症”这个名字不科学。也许应该称它为“脑功能失调症”。不过，既已约定俗成，名字不改也罢。但我们不能受这个名字的误导，把抑郁症简单等同于心理问题，从而错失药物干预的最佳时机。

『渡』者 由此岸及彼岸也。对于抑郁症患者来说，『渡过』不只是宗教情怀，更具有实实在在的拯救意义——从地狱回归人间。

谁最容易得抑郁症

患病之前，我的抑郁症知识多来自媒体报道。三毛、张国荣、张纯如、崔永元……这一长串名单，让我想当然地认为，抑郁症是一个比较“高级”的病。精英，至少是文化人才容易得这个病。

这个误解，在我第一次去到安定医院看病时，就消除了。

在安定医院人头攒动的候诊大厅，我看到了一张张有着中国各地特征的愁苦不堪的脸。他们显然是舟车劳顿，辗转来到这里；东张西望，局促不安，一脸的惶惑和惊惧。他们经常长时间枯坐，如泥雕木塑。看着他们，我脑海里掠过王小波的一句话——沉默的大多数。

是的，在中国，即使在抑郁症人群中，也有沉默的大多数——中国抑郁症的最大人群，是穷人，在农村。

穷人是抑郁症最大群体

任何阶层成员都可能得抑郁症，贫困阶层受苦更甚。只因这个阶层活在聚光灯之外，他们的痛苦不为人所知。

研究已经证明，贫困是抑郁症的一大诱因。贫困使人抑郁，抑郁愈使人贫困，二者交互作用，导致精神障碍与孤立。贫困和抑郁，是一对鸡生蛋还是蛋生鸡的问题。

抑郁症最早可以追溯到人类的童年时期。当我们的祖先从狩猎文明向农耕文明演进时，一部分不适应这种变化、不能掌握农耕技术的猎人，成为抑郁症最早的受难者。

由此我大胆猜测：在社会大变迁面前，不能与时俱进，被时代抛弃的人，因其焦虑、惶恐、绝望，可能成为抑郁症的俘虏——这或许可以解释，为什么近十几年来，中国国企下岗人员和农村留守人员，成为抑郁症高发群体。

另一个旁证是：接受社会救济的人群中，抑郁症比例是总人口患病率的 3 倍。

中国高校的贫困生一直是敏感话题。贫困生进入城市，如果得不到物质和精神上的帮助，其心理疾病的发病概率极高。目前中国高校中，贫困生占总在校生的 15%~20%，其中有心理问题的占 65%。

在美国，很多穷人亦受抑郁症之苦。一项调查表明，美国

85%~95% 的严重心理疾病患者是失业者。

贫困群体的抑郁症识别率低，这对他们的治疗来说雪上加霜。一般来说，中产阶层的日常生活相对优裕快乐，他们得了抑郁症，异乎寻常的痛苦相对容易被察觉；而生活在社会最底层的穷人，日子本来就困顿艰难，抑郁症状会被掩盖。他自己也搞不清，他的痛苦到底是抑郁症，还是来自生活本身。很多穷人得了抑郁症，始终都不自知，也不为人所知。

所以，反贫困和抗抑郁相辅相成。对抗抑郁，一个重要手段就是帮助穷人摆脱贫困，提升改变命运的能力。

遗传基因导致抑郁

在知识阶层中，抑郁症患者也有职业之别。

演员、公务员、媒体人、警察、教师比较容易得抑郁症——这是安定医院主任医师姜涛 24 年行医生涯的观察总结。

他对我具体阐述："这几个行业收入差距大。公务员有守法的和不守法的；记者有敲诈的和不敲诈的；警察有好警察和坏警察……收入差距非常大，他们就容易不平衡、焦虑、压力大。"

姜涛所说完全是个人经验描述，未能验证。不过他揭示了一个现象：内心的激烈冲突和抑郁症相关。

接下来可以讨论：就个体而言，哪些因素容易导致抑郁症？

首先是生物学因素。抑郁症一般被分为内源性和外源性两大类，内源性抑郁症往往由躯体内部因素引起，带有明显的生物学特点。这个“内部因素”其实就是基因，往往通过遗传获得，它是造成大脑中三种神经递质（血清素、去甲肾上腺素、多巴胺）失衡的根源。

在现实生活中，经常可以观察到，一个抑郁症患者的直系或旁系亲属中，还有其他精神疾病患者。这说明这个家族遗传倾向明显。上海精神科医生颜文伟认为，在全世界人口中，有5%~10%的人有这种遗传基因，容易得抑郁症。

姜涛也认为，遗传因素对于抑郁症致病有重要作用。他给了我一个数据：抑郁症的遗传度达到40%。所谓“遗传度”，是指如果你携带致病基因，那么发病的可能性达到40%。

不过，到目前为止，人类对于遗传因素和抑郁症的内在关联，还不能给出科学的解释。即使再先进的仪器，也无法观测到大脑内部化学变化的过程。

对生物学因素之说，心理学界存在反对声音。有人认为抑郁症主要是心理疾病。曾有一位心理医生接受我的采访时，义愤填膺地表示：西医强调生物学因素，是“想把患者都拉到医院去”，这是对抑郁症患者的伤害，会让他认为自己的“种”不好，失去对治愈的信心。

人性的“内在惩罚者”

遗传因素说尚未得到科学验证，性格因素则可以认定占有比较重要的作用。

不同的人有各式各样的性格特点。相对来说，简单、敏感、自尊、固执、要强、好胜、求全，习惯于克己、内疚、自责、自省、自罪的人，容易得抑郁症。

为什么？尚无科学解释。我个人的观察是，以上性格易于使情绪处于紧张状态；而情绪是从心理通往生理的桥梁，长此以往，紧张的情绪就破坏了大脑分泌神经递质的功能，抑郁症的种子由此埋下。

心理学认为，自责、自罪最容易破坏人的心理结构，它构成一种内在惩罚机制，对自身予以谴责和制裁。抑郁症患者的压抑、自卑、自我评价降低、活力下降，多来源于此。

我曾认真追溯过自己患病的原因。最后的结论是，也许和我童年和少年时代所处的环境有关。在我出生前，我父亲就因为是右派，被发配到苏北某地农村劳动。他在外受到迫害和欺辱，回到家里就没有好声气。因天性敏感，我从小就对严酷的生存环境有着超越年龄的感受，学会了理性、忍耐和克制，以及用约束自我的方式来抵抗外在的侵略。可是，内在的反叛性，又刺激愤怒的情绪在我内心悄然滋长。少年时代，我其实是在以一种“边缘不合作”的态度，面对异己的世界。

考上大学后，很多年来，我一直在用巨大的努力，来克服自小形成的与现实的紧张关系，寻找自我与外部世界的和解方式。我曾自以为成功了，岂知童年和少年时代的阴影，会成为潜意识中的条件性情绪性反应，根植于人性深处。

再就是环境压力因素。比如工作压力、生活压力、人际关系压力，等等，它们应该是以情绪为桥梁，殊途同归，作用于神经递质。

不过，我从来认为，仅仅单方面的压力不足以导致抑郁症。如前所述，抑郁症患者多半能够自省和克制，乃至自我牺牲。如果压力只来自一方，他们还能通过委曲求全来化解；但是，如果多个不同方向的压力蜂拥而至，并且这些压力彼此交错排斥，即使委曲亦不能求全，抑郁症就会在这时登堂入室。

曾经有一位网友来找我，倾诉她的妈妈患病的经历。她说，她的妈妈性格单纯、开朗，生活幸福，工作顺利，找不到任何患病的理由。只有一个意外事件：去年，外公、外婆从她的舅舅家转到她家生活；而两个老人，性格自私怪僻，要求又多又高，根本不会为他人考虑。于是，家里安静有序的生活被打乱了。在她看来，她的妈妈是因为不能应付自己父母的压力，精神崩溃，得了抑郁症。

从这个女孩滔滔不绝的叙述中，我听出了她以及她的父亲，对外公和外婆的反感。对于她把病因单方面归于两位老人，我犹豫了一下，决定坦白地说出我的看法。

我说，即使两位老人真的自私、挑剔、无理、贪图享受，也未必能压垮她的妈妈，毕竟他们是父女、母女情分。问题是你妈妈会不会受到更多的不同方向的压力？比如，你的舅舅是不是压力源？你妈妈多年未尽赡养责任，现在外公外婆不满意，她如何面对自己的弟弟？你和你爸爸的抱怨，会不会也是你妈妈的压力源？三方面都是她的亲人，她怎么办？这三方面压力交错、对立，她只能忍耐、自我牺牲；而如果委曲亦不能求全，她内心的焦虑、自责、自罪、无奈等情绪，就可能汇集在一起，成为冲垮她精神堤坝的洪流。

“如果你爱你妈妈，你就先停止对外公外婆的抱怨，把你们这一方的压力撤掉。”我说。

最后一个因素，是创伤性突发事件。比如失学、失业、失恋、亲人去世、炒股失败，等等。不过，突发事件只是刺激因素，不是真正的病因。抑郁症根植于人性深处，即使没有这个创伤事件，也还会有别的事件，差别只在于爆发的时机不同。当然，如果运气好，拖个十年八年，自行消失，也未可知。

综上，抑郁症是多种因素共同作用的结果。它不只是简单的心理疾病，其根源是某种异化的生活方式，这种生活方式导致了内心的分裂和背叛。你要战胜它，唯有用另外一种方式把它矫正过来。

找到病因，对于治疗抑郁症具有参考价值。不过，也不必过于纠结和追查直接的病因，否则会制造新的压力和矛盾，对病情不利。在一个短时间内，仅仅个别诱因，不可能触发抑郁症。疾病既已暴发，病因就不再重要，就好像你用火柴点着爆竹，爆竹已经爆炸，你再追究火柴，无济于事。比如，一个女孩的直接病因是失恋，即使男友回心转意，她的病一时也好不了。

至于病愈后怎么处理病因？这是另一个性质的问题，且留待“抑郁症患者如何重返社会”的话题再讨论吧。

对抑郁症患者来说，最重要的是信心——对医生的信心，对自己的信心。

如何准确诊断抑郁症

“惺惺相惜”，用这个词来形容抑郁症病友之间的关系，再恰当不过了。我曾有一个广西病友，在网上相识，彼此交流病况后，嗟叹不已。

他的病程长达 7 年，两次复发，两次自杀，受尽磨难。最初，他只是失眠，觉得胸部有压迫感，医治两年不见效。后来，又出现头疼和头晕症状，医生怀疑是冠心病或血脂问题，进行了血流变学检查、心电图检查、大脑多普勒检查、核磁共振检查、胸椎颈椎检查和肝肾功能检查等，均正常。于是，又去看中医、吃保健品、请大仙，百无一效。最后，发展到长期睡眠混乱、频繁头痛、胃痛、胸痛、手脚麻木，全身都是病。整整折腾了 4 年半，直到侥幸碰到一位神经内科医生，确诊是抑郁症。对症治疗，30 天后见效；继续治疗 2 年，逐渐康复。

我也曾被误诊过，但比他幸运得多。患病前五个半月，我被当成单一抑郁症治疗，无效，且从中度发展到重度，最严重时几乎呈亚木僵状态。后来，找到安定医院姜涛医生。他在第二次接诊时，即否定了单一抑郁症的诊断，确诊我为“双相情感障碍抑郁发作”，立刻大规模调整用药。换药 16 天后，没有任何预兆和过渡，药物起效，我豁然而愈。就像日出的光芒驱散了黑暗，光明在这一刻骤然到来。

这几年来我和许多病友交流，发现大多数人都有过一次，甚至多次被误诊的经历。一次即确诊、一两个月内即治愈的病人，少之又少。

关于“诊断”，《汉语大辞典》是这样定义的：“从医学角度对人们的精神和体质状态做出判断。”简单说，诊断就是根据症状来识别病人所患何病。

鉴于人体科学的未知性和复杂性，诊断完全不失误是不可能的。和躯体性疾病相比，精神类疾病的诊断更为困难。这是因为精神类疾病发生在大脑内部，不能借助仪器化验和探查，只能靠医生通过问诊来采集信息，做出判断，其诊断具有更强的主观性。

很多人都幻想，能不能发明一种仪器，来测定大脑中缺乏哪一种化学物质，然后对症下药？答案是现在不能。如果谁说现在就能，那是骗人的鬼话。

2011 年 10 月，中国“第一届抗抑郁药物论坛”在上海召开，会上公布了一个数据：全国地市级以上非专科医院对抑郁症的识别率不到 20%，抑郁症误诊率高达 50%；即使在上海，综合医院的内科医生对抑郁症的识别率仅为 21%。换言之，将近 80% 的抑郁症被误诊或漏诊。

准确诊断是治疗和康复的前提。这第一步如何走好？

病人该怎么办

准确诊断，需要患者和医生的合力。

对病人来说，最重要的是直面现实，对医生如实交代症状。

一个朋友，有一次见到我，向我诉说失眠、焦虑、没有胃口，做事提不起精神。我说："我看你是焦虑伴抑郁，去看看医生吧。"

半年后再见她，骨瘦如柴，面色灰暗。这次，她述说经常彻夜不眠，几乎吃不下饭，觉得生趣全无。我警告她："你现在不是焦虑伴抑郁，而是抑郁伴焦虑了。不要再耽搁，赶紧去看医生。"

后来，我隔两天就催问她去看病没有。她今天推明天，这周推下周，实在推不过，去了医院。一走出医院就给我打电话，高兴地说："医生说，没事，不用吃药。"

谁愿意有事、吃药呢？我也放了心。孰料，隔了两三个月，又接到她的电话，语调惊惶，语速迟缓，语多悲苦。我大惊，详细问过她，急了："你现在应该到抑郁症中度了！上次医生为什么说你没事？他到底怎么说的？”她嗫嚅。我追问：“你怎么和医生说的？你说了你有自杀意念吗？”她答：“没有。”

我明白了：出于对精神疾病的抗拒心理，她向医生隐瞒或淡化了关键症状，造成误诊。

与此迥异，是病人滔滔不绝，说得太多，掩盖了关键症状。

中国有病历记载的抑郁症病人约3000万人，而精神科医生严重缺乏，目前只有两三万人，缺口达40万人。病人太多，医生太少，专业医院医生分配给一个病人的就诊时间，也就5分钟到10分钟。病人应该在这宝贵的时间里，抓住重点叙述病情；不要在细枝末节上喋喋不休，误导医生。

我曾看到一位病人投诉他的医生“态度不好”，理由是他在诉说时，医生屡屡打断他的话：“拣重要的说！”——医生的态度可能让病人难以接受，可是，医生分配给每位病人的时间就那么多，病人无效的陈述，耽误自己，也会占用其他病人的时间。

我在看病时，深知这5分钟的珍贵，事先是要做功课的。我会列一个书面提纲，先概述主要病情，只谈事实，不谈感想（医生没有空闲听病人诉苦）；如果还有时间，再按照重要性次序抓紧提问，能问几个是几个。直到医生把病历塞到我手里作送客状，嘴里喊：“下一个——”这时，我知道自己该停止了。

医生该怎么办

医患沟通是一项技能。误诊发生，病人或有责任，但是，归根结底，仍是医生“学艺不精”所致。一个好医生，应该能够辨别出病人的自述中，哪些是夸大，哪些是掩饰；哪些是重点，哪些是末节。

典型的抑郁症，诊断难度不大。但很多抑郁症状是隐匿的，或者是不典型的，会和躯体性疾病混淆；在精神类疾病中，抑郁症、焦虑症、精神分裂症、双相情感障碍，有时候症状交叉，也容易混淆。

比如抑郁症和精神分裂症。有些抑郁症患者的临床表现不典型，患者就诊时不语不答，显示社会退缩、意志衰退；如果患者再有妄想和幻觉等，医生就可能做出精神分裂症的诊断。据估计，约 20％的抑郁症患者因伴随幻觉和妄想，被误诊为精神分裂症。

双相情感障碍更为复杂。它是指既有躁狂或轻躁狂发作，又有抑郁发作的一种心境障碍。它处于抑郁相时，和抑郁症几乎没有区别；假如其躁狂表征不明显，即呈“软双相”，被误诊为抑郁症更是常事。

也有一部分双相病人，因其躁狂的表征，会被误诊为精神分裂症。

曾有一位朋友经人介绍来找我。我问：“你是抑郁症？”他苦笑，低声说：“更复杂。一位医生，还比较有名，诊断我是精神分裂症。”

他告诉我，有一段时间，他曾经出现过幻觉。走在大街上，突然思维纷乱，许多无意义的联想奔涌而来。比如，一辆公交车开过，他看到是多少路车，就会从数字不可遏制地联想到很多东西；在大街上，看到车水马龙，也会无限联想，感觉外界要加害于他，恐怖得从街上狂奔回家，几天不敢出门。

我听了，又把他的全部情况仔细问了一遍，大胆说：“你不是精神分裂症。首先，你的理智是健全的，你对自己的状况有自知，而且积极求治。精神分裂症患者的一大特点是不自知，不认为、不承认自己有病，更不会主动求助。其次，你说的幻觉，和精神分裂症的幻觉不一样，只是思维奔逸，因为你还是有逻辑性的。”

他问：“那我是什么病？”我说：“我判断是双相情感障碍，同时合并了一些精神病性症状。不过，我说的不算数，我们去看医生吧。”

几天后，我带他去安定医院。他陈述病情时，接诊的医生似听非听，但特意问了几个在我看来不相干的问题：“你喝酒吗？”“喝什么酒？”“喝多少？”“上次什么时候喝的？”“喝成什么样子？”然后就埋头“唰唰”开药。

我抓住这个时间空当，凑过去，躬下身，小声问：“大夫，他得的什么病？”医生头也不抬，答非所问：“回去好好吃药！”

下一个病人已经进来了。我不甘心，稍大声问：“他得的是精神分裂症吗？”

这次，医生抬起头，倦怠地、不快地瞥了我一眼（医生大约是不愿意凡人侵入他们的领地的），一字一句回答：“双相情感障碍伴精神病性症状！”

安定医院主治大夫姜涛在诊断和治疗上很受患者信任，他在接受我采访时总结说：抑郁症、双相情感障碍和精神分裂症患者，在社会交往、社会适应及社会功能方面的表现是不一样的。抑郁症患者更接近正常人，你和他交流，能感受到他和正常人很接近，思路很清晰，他的痛苦体验也很高；双相情感障碍患者就有一些脱离主流的表现，有一些精神病症状掺杂其中；精神分裂症患者基本上没有正常思路，情感表达很糟糕，完全游离在正常人群之外。如果为精神疾病画一个谱系，那么抑郁症在最左边，精神分裂症在最右边，双相在中间。从左到右，越来越脱离社会。

交叉复杂的病情，其界线需要细致地拿捏和准确地判断，医生如何做到？姜涛一下子也说不出个所以然来。他是个经验主义论者，把看病说成是直觉。他说："要积累经验，你看的病人多了，心里就把病人分成许多种类型；看到一个新病人，就能归到某一类，结合其他相似患者的临床经验，就能形成基本准确的判断。"

话虽如此，一个临床医生，要从理论上升到经验，从经验再上升到直觉，谈何容易！诊断之大义，差之毫厘，谬以千里，医生和患者岂可不慎乎！

抑郁症患者所处并非人间。他们好似生活在一个玻璃罩中，外面的世界现实、透明、看得见，却是隔绝的，犹如太虚幻境。

抑郁症患者如何用药

某日，一个慵懒的午后，我无意中在一个网站上瞥到一组漫画。画面上，一个人在巷道里挖掘金矿。他筋疲力尽，离金矿越来越近，只剩下薄薄一层矿壁了，只要再挥一镐，他就会置身于财富之中。然而，他不知情，放弃了，掉头而去，垂头丧气。黄金永远被封闭在黑暗深处。

这组漫画让我悚然惊觉，一半后怕一半庆幸。对于黑暗中与抑郁症抗争的人们来说，这幅画是一个寓言，它警示你：坚持到底，不要放弃黎明前的最后一刻！

这是一个信念，同时它需要抓手。这个抓手就是——坚持服药，足量足疗程。

足量足疗程

我们已经知道，抑郁症是患者大脑中三种神经递质（血清素、去甲肾上腺素、多巴胺）失衡所致。治疗抑郁症的药物，大致就是通过改善大脑中三种神经递质的失衡，改善精神状况。

经过几代人的努力，目前抗抑郁症药物已经发展到第四代，分成八大类。其中最常用的一类，叫“选择性 5 －羟色胺再摄取抑制剂”，简称 SSRIs。

其作用机理是：大脑刺激产生血清素后，神经元又会从突触间隙中回收血清素。SSRIs 系列药物的功能，就是有效地抑制神经元对血清素的回收，从而保持其浓度。

也就是说，SSRIs 并非刺激大脑生产血清素，而是减少其被消耗，从而维持大脑中血清素的平衡。

目前，SSRIs 系列共有 6 种药，其中最著名的是百优解（氟西汀）。

20 世纪 80 年代初，百优解诞生于美国，被誉为世界药物开发史上一大里程碑。据当时美国报纸报道，许多原本生性胆小或腼腆的病人服药后判若两人，增加了自信心，积极参加社交活动。美国一些报纸杂志甚至称百优解为 20 世纪的“奇迹药”（Wonder drug）。

除了 SSRIs 系列，还有单一作用于去甲肾上腺素的 NE 系列，比如瑞波西汀；还有单一作用于多巴胺的 DA 系列，如安非他酮；

有双重作用于血清素和去甲肾上腺素的SNRI系列，如文拉法辛；还有针对去甲肾上腺素和特异性血清素的Nassa系列，如米氮平，等等。总共几十种药。

一般来说，西药发挥作用是“立竿见影”的。可是，抗抑郁药是个例外。这是因为，抗抑郁药作用于大脑，要经历一段漫长的旅程。实现改善大脑神经递质的功能，既需要足够的药量，也需要足够的时间。任何一种抗抑郁药起效，至少需要4周到6周的时间，有的甚至需要6周到8周。这就是“足量足疗程”的由来。

很多患者不知此理，服药三五天后，发现没有效果，就失望而停药；也有的患者坚持服药一段时间，正面效果没有显现，副作用却先期到来，他看不到前景，又难以忍受副作用的痛苦，中途放弃服药，何其可惜。

因此，无论选用哪种药，都必须用足治疗剂量。不要期待奇迹发生，要咬紧牙关，一直坚持到药物起效。

如何选药

足量足疗程，靠患者坚持。对医生来说，需要考虑的是如何为患者选药，以及确定药的组合。

北京安定医院姜涛医生曾对我说，选择恰当的抗抑郁药，关键是把握抑郁症是一种异质性疾病。抑郁症的临床表现千奇百怪，不同的药，药物特点有差别；同一种药，用在不同的病人身上，反应也有差别。临床医生选药，既要把握某一种药的药性，又要能合理评估它对于病人的效果。

这么多种药，能不能说哪个药更好？姜涛认为，不存在明显的等级关系，关键看药物对于病人的疗效，以及耐受性及安全性。作为医生要积累临床经验，积累用药的感觉。

广州医科大学附属第一医院余金龙医生也认为，药和药之间，没有太大的差别，就看怎么用。

他撰文称："同一种药物治疗同一个病人，有的医生用起来疗效好，并且副作用小，有的医生用起来不仅疗效差，副作用也大。为什么？经验使然。"

他举例说，中山三院有位老专家特爱用奋乃静，广州市脑科医院已故陈院长特爱用舒必利，还有一位主任偏爱用丙戊酸钠。这些普通的药物在这些老专家用来，通常疗效就比其他医生好，副作用比其他医生少，为什么？他们几十年来长期大量用某个药物，就会摸透那个药物的特性。

对医生来说，技艺高低就在于如何将某种药的疗效发挥到最佳，以及将该药的不良反应减少到最小。

如何对待副作用

药物副作用是患者自我救赎之路上的大敌。毋庸讳言，副作用确实存在，有的表现为口干、视力模糊、排尿困难、便秘、轻度震颤及心动过速等，有的可能引起直立性低血压、心动过速、嗜睡、无力等症状。

不过，副作用也没那么可怕。很多患者一打开药品说明书，就被上面列举的密密麻麻的副作用吓倒，不敢吃药。其实，西药对于副作用，是“丑话说在前头”。西药上市前，要进行多期药物实验，只要任何一名患者出现一种副作用，说明书都会把它列举出来。事实上，出现这些副作用的概率非常低。

患者还应区分不适感究竟是症状，还是药物副作用。症状和副作用往往接近，如果把所有的不适都归为副作用，患者就可能不堪忍受而中断治疗。

副作用也因人而异、因时而异。副作用的大小和患者本身体质关系很大，与他服药时的内环境有关，包括心理状态。当患者身体状况较好时，他对于药的耐受性就很好。例如躁狂时很多病人不觉得药物有什么副作用，抑郁时就会觉得很难接受。

我个人的观点是，对于疾病和副作用，应是“两害相权取其轻”。无论如何，副作用和抑郁症对人的精神、肉体的摧残相比，微不足道。

经常是这样：当你服药未见效时，你对副作用感受非常强烈，对所服的药无比仇视，每一次服药，都要做心理斗争；一旦见效，药还是同样的药，你再看它，就会觉得非常亲切。

一位网友给我留言道：“犹记得自己好的那一刹那，恨不得跳起来跑出去拥抱全世界！”

——当你感受到药物把你从深渊里拯救出来，一点点副作用又算得了什么呢？

换药和停药

是不是抗抑郁药物统统有效？不是。由于抑郁症的特异性和患者的个体差异，有些抗抑郁药物对某些病人是无效的。

姜涛告诉我，对于单相抑郁，药物的有效率比较高，接近70%；如果是双相抑郁，单纯使用抗抑郁药物的有效率可能也就是百分之四五十，甚至更低。

如果一种抗抑郁药物疗效不佳，或者耐受性不好，就可以考虑换药。

换药要特别小心、仔细，考虑到各种风险。旧药停止服用后，还会在体内残留一段时间，它和新药相互作用，往往增强副作用，病人可能会非常痛苦。

这个过程会持续多长时间，因人、因药而异。比如，旧药是百优解，因其半衰期较长，可能持续 1 个月；半衰期短的药物，也许需要 1~2 周。

因此，换药时，要缓慢停掉旧药，等 1~2 周后再吃新药。停药和加药，不能一蹴而就，可以从四分之一片开始，一点点往下减或往上加，避免对身体的过度冲击。

联合用药

有的患者，运气特别糟糕，换药两三次都无效果，就可以归之为难治性抑郁症。对他们，往往需要联合用药。

所谓联合用药，就是把不同系列的药合并运用，取长补短，形成合力，实现治疗效果。联合用药因其高难度，对医生的技能和勇气都是考验。

医界对联合用药有争议。北京大学第六医院主任医师姚贵忠不支持联合用药。他对我说，联合用药会加重药物的副作用；而且一旦起效，不知道是哪一种药起作用，会影响后续治疗。

姜涛则认为，单一的抑郁症不需要联合用药，但如果是难治性抑郁症，联合用药效果可能会更好。尤其是双相抑郁的患者，更需要联合用药。可以在充分使用心境稳定剂的基础上，短时间联用抗抑郁药物。

至于各种药之间相互作用如何处理，姜涛提示，要注意到有一个治疗窗口期，即血药浓度的高低范围。副反应与血药浓度的高低呈相关性，只要合并用药不会明显升高血药浓度，超过治疗窗上限，就可以估算出哪个药在起效，哪个药在增效，何时会出现副反应。

当然，这需要对药物的药理、毒理有准确把握，尤其是对病人的耐受性有判断。

如何应对这些复杂的情况？姜涛将其归之于直觉。

他说，一定要积累更多的临床经验，同时多阅读临床循证文献。医生见的病人越多，积累的临床经验就越多。结合循证医学的理论指导，把病人分成几种类型，长期下来，就能找到一些规律，最后形成直觉。

我的用药分析

2012 年 3 月，我被诊断为抑郁症中度偏重。用的第一种抗抑郁药是喜普妙（氢溴酸西酞普兰片）。喜普妙是 SSRIs 系列的一种，是血清素的再摄取抑制剂。

服用喜普妙三个多月，足量足疗程后，仍然无效。不得已，医生换了一种新药——米氮平。

我现在认识到，喜普妙对我无效，可能是两个原因：一是诊断失误，选药缺乏针对性；二是药量不足。

米氮平属 Nassa 系列，是对去甲肾上腺素和血清素的二次摄取具有双重抑制作用的抗抑郁药物。医生启用米氮平，是试图从另一个通道用药，探测效果。

换上米氮平后，除了睡眠好转，情绪和躯体症状仍然无改善。到了 6 月上旬，医生束手无策，劝我住院，接受电击疗法。我不愿住院和电击，于是换了姜涛医生继续治疗。

第一次就诊，他给我换上两种药：瑞波西汀和碳酸锂。瑞波西汀是单一的对去甲肾上腺素具有强刺激作用的再摄取抑制剂。碳酸锂是一种老牌的情绪稳定剂，是治疗双相情感障碍的传统药物，同时对于抗抑郁药物具有增效作用。我猜测姜涛给我使用碳酸锂，出于两个考虑：如果我是双相，则起稳定情绪的作用；如果不是双相，则作为增效剂，助力瑞波西汀。

一周后，我复诊。此时药物尚未起效，姜涛有些着急，又开了一种药——舍曲林。舍曲林和喜普妙一样，同属 SSRIs 系列，但舍曲林不易转躁，可以和瑞波西汀联手加强药效。

在并用舍曲林后第二天，我出现严重的副作用。我问姜涛怎么办？姜涛回信息说："坚持，如果实在受不了，就把舍曲林减半粒，一周后加回。"

我想：反正一周后还是加回两粒，现在减半粒，岂不是浪费时间？于是决定咬咬牙坚持下去。

我现在理解，姜涛治疗的最关键一步，是正确判断我处于双相重度抑郁期，且生命动力缺乏，因此选用对去甲肾上腺素具有强刺激作用的瑞波西汀，并联用舍曲林和碳酸锂，先将我从重度抑郁中拉出来；然后，及时察觉我出现转躁苗头，确信我是双相，立刻决定停掉做了重大贡献的瑞波西汀，减半舍曲林，同时加上奥氮平压躁狂。再过一周，又加上拉莫三嗪防抑郁，从此治疗方案稳定至今。

姜涛承认，他的用药风格偏于激进，也有一些同行不认可他。他这样做，只是希望病人尽快见效。

很多医生不愿激进治疗，是担心患者不能耐受走上绝路。如果出现这种极端情况，是医生的失败。感谢姜涛对我的信任，相信我不会自杀，大胆选药，恰当组合，为我赢得了宝贵的时间。在他治疗的第 16 天，药效显现。

犹记药物见效的那一天：如同一个密闭的房间，被厚厚的窗帘遮挡，不见一丝光亮。突然，"唰"的一声，窗帘被一只手强有力地拉开，灿烂的阳光瞬间破窗而入，穿透了整个房间。

一位抑郁症康复者回忆：永生难忘自己好起来的那一刹那，恨不得跳起来跑出去拥抱全世界！

双相是怎么回事儿

我在“如何准确诊断抑郁症”中提到，双相情感障碍是一种更难处理的精神疾病，可能和抑郁症相混淆，也可能和精神分裂症相混淆。

双相是怎么一回事儿？先讲两段故事吧。

两段故事

曾经，我接待了一位前来求助的抑郁症少年的父亲。少年原是武汉一所名牌中学优等生，成绩排名年级前五，是上北大的料儿。岂知在高一得了抑郁症，求治四年，其间还被误诊为精神分裂症，住院三个月。最后，迫于无奈，家人不得不强逼儿子再次住院，接受电击疗法。

就在预定电击的那天早晨，可怜的父亲一早来到病房，看到儿子已经异乎寻常地起床了。坐在床边，表情平静，眼神清澈明亮。父亲正惊讶，儿子开口说：“爸爸，我好了。”

父亲大惊，问：“你怎么好了？”

儿子指着病房里的一盆花说：“昨天我看这朵花颜色是灰的，今天看是红的。”

真是喜从天降！父亲赶紧把孩子的母亲叫来，一家人悲喜交集。而后，儿子雀跃着给昔日的同学打电话，告诉他们自己的病好了。父母欣慰地看着儿子兴奋而流畅地打电话，一扫昨日的畏缩、呆滞。

给自己的同学打完电话，儿子意犹未尽，又把父母的手机拿来，翻开通讯录，不管三七二十一，挨个拨通，滔滔不绝说起来。

父母亲脸上刚刚绽开不久的笑容凝固了。他们觉得不对劲，赶紧去找医生。

迹象实在太明显了。在少年患病四年后，医生做出了正确的判断：他正在从抑郁相转向躁狂相。医生立刻调整治疗方向，少年逐渐康复。

再说说我自己的故事。上一篇提到，我在经姜涛医生治疗的第 19 天，豁然而愈，所有失去的社会功能全部恢复。当天夜里，兴奋得一夜无眠；第二天上午，毫无倦意，去红螺寺爬山，健步如飞，体力健旺。

当晚，我给姜涛医生发了一个信息，表达谢意。他迅速回信息，就几个字："你来找我看看。"我回信："好，本周六复诊我就来。"他又回信息："不能等到周六，明天就来，让我看一眼。"

话已至此，我不能不去。第二天，姜涛医生见到我，只瞥了一眼，就说："你有转相的苗头，赶紧调药。"随后开药，加奥氮平，停瑞波西汀。当晚，睡眠恢复，逐渐平稳。

我后来一直思索，为什么姜涛医生非要我让他"看一眼"？他看到了什么？

我猜测，这也许就像我工作中让记者把稿子拿来让我看一眼，外人看不出名堂，可我扫一眼就能看出稿子新闻事实够不够，有没有修改基础。也许当时我的表情、脸色、举止中，就蕴含着某种信息，姜涛医生一望便知是否转相。

双相的两极

从上述两个故事，读者也许能明白，患者那种兴奋、激越、精力充沛，是双相情感障碍的特质之一。

医学书籍载：双相情感障碍是一种既有抑郁发作又有躁狂发作的疾病。躁狂相的特征是兴奋、激动、乐观、情感高涨；抑郁相恰是另一极端，是悲观、呆滞、情绪低落、思维迟缓、运动抑制。二者可交替循环发病，一个阶段化悲为喜，一个阶段又转喜为忧。

临床医生们如此概括躁狂相的表现：

1. 心境高涨，自我感觉良好，整天兴高采烈，得意扬扬，笑逐颜开，有感染力，常博得周围人共鸣，引起阵阵欢笑。

2. 思维奔逸，反应敏捷，思潮汹涌，有很多的计划和目标，感到自己舌头在和思想赛跑，言语跟不上思维的速度，言语增多，滔滔不绝，口若悬河，手舞足蹈，眉飞色舞。即使口干舌燥，声音嘶哑，仍要讲个不停，信口开河，内容不切实际，经常转换主题；目空一切，自命不凡，盛气凌人，不可一世。

3. 活动增多，精力旺盛，不知疲倦，兴趣广泛，动作迅速，忙忙碌碌，爱管闲事；常挥霍无度，慷慨大方，好为人师；举止轻浮，常出入娱乐场所，招蜂引蝶。

4. 面色红润，双眼炯炯有神，心率加快，瞳孔扩大。睡眠需要减少，入睡困难，早醒，睡眠节律紊乱；食欲亢进，暴饮暴食；对异性兴趣增加，性欲亢进。

上海精神科医生颜文伟，记载过一个典型病例。在此简述如下：

1996年，有一次，情绪明显抑郁。然而，突然间，情绪出现好转，觉得思维变得很快，反应迅速。突然变得喜欢与人打闹，感觉自己的前程一片大好。还发明了“WC”的手势。又自称发明了“小偷可以在下雪天倒穿着鞋作案，这样就不容易被捉住了”等方法，感觉自己很不一般，话也多起来，行动也多起来。

2001年，因为工作和恋爱问题，曾企图自杀未遂。同年

7 月，由北京某医院诊断为重度抑郁症，给服文拉法辛。服药两周后，感觉突然好转，回到单位上班。原来自己不敢走大路，那天晚上，自己就特意走在路中央，不怕见人。晚上亢奋得睡不着，感觉这下自己好了。第二天到单位，到我们同事的办公室，滔滔不绝地讲个没完，好像自己已经找到了解决问题的办法，似乎一切都是那么美好……

2005 年，2006 年，又多次抑郁发作，仍被诊断为社交恐惧症，反复住院治疗，用帕罗西汀、舍曲林等，效果不佳。2009 年，自行停药，进行心理治疗 10 个月，效果也不行……

2010 年 10 月再次抑郁复发，记得在治疗中途，有一段时间感觉良好，精力旺盛，沉迷于钓鱼，白天做有关周末钓鱼的准备工作，晚上上网看有关钓鱼的文章和视频，觉得睡眠需要减少，很是亢奋。甚至还想进行夜钓，想参加钓鱼比赛、成为钓鱼高手，等等。在这段情绪好的时候，感觉生活非常美好，心情舒畅，行动起来争分夺秒。这样大概持续了一个月后，感到疲惫，情绪又见低落，乏力嗜睡，早上起不来床，一睡一整天。

总之，在这十几年里，多次抑郁复发。最近几年，发作越来越频繁。有时候一个月发作一次，最长不超过两个月，肯定会有一次情绪低落，四五天到十天。情绪低落的时候，没有精神，不想说话，不想做事，思维缓慢，早上起不来床，自责，担心，恐惧，等等。此后，情绪会突然好转，这时，感觉一切都没有问题，自己不比别人差，反而比他们反应快，比他们更聪明，一切都那么美好，给自己设定了远大的目标。但是过不了多长时间，又会再次陷入抑郁和恐惧当中。十几年来，就一直这样往复循环，曾自杀未遂一次，住过三次院，受尽了病痛的折磨，没有办法逃出这个“魔圈”。

颜文伟医生指出：这是一个十分典型的双相患者。很可惜，不少医生不认识，只知道他是抑郁症，只知道给他吃抗抑郁药，导致患者变成“快速循环型”。

几个实例

这两年，我和一些网友，也交流过双相的表现。时过境迁，对当时自己的种种表现，大家哈哈一笑。

一个网友，2000年在哈尔滨冰雪大世界，看到有个四层楼高的由冰堆砌的城楼，城墙上顺下几根麻绳，也认定自己能爬上去，而且非要顺着绳子爬上城楼。几千个游客没有一个敢这么干的。后来他被他弟弟和妹妹死活拦住了。

某市一个患者，本是一个谦虚谨慎的人，躁狂期屡次要去找市长，和市长面谈振兴本市经济的大计，被秘书拦住，一次也没见成。

一个大学生，生性腼腆。躁狂期间，突然变得非常自大。他自以为悟到了人生的真谛，去食堂吃饭时，就站在食堂台阶上宣讲。结果被当成精神分裂症押进医院。治了半年，才发现其实是双相。

一个内蒙古的网友，2009 年夏天跑到草原上露营 8 天，在漆黑的夜里安睡，以为自己可以应付一切野兽……

值得注意的是，双相抑郁未引起临床医生足够重视。有报道称，37% 的双相抑郁患者被误诊为单相抑郁，长期使用抗抑郁药治疗，从而诱发躁狂、快速循环发作。

双相情感障碍与抑郁症是两种机理不同的疾病。如果诊断为双相，就不能只吃抗抑郁药，而必须用情感稳定剂，主要是碳酸锂、丙戊酸钠、卡马西平和拉莫三嗪。如果实在过分兴奋，还可用奥氮平等治疗精神分裂症的药物，暂时把兴奋情绪“压一压”。

只要坚持服用足量的情感稳定剂，双相就不会复发，可以恢复到病前状态。

如何识别双相

很多患者病愈后，都会怀念躁狂期那段独特的生命体验：心情愉快，情绪高涨，自信心增强，创造力旺盛，工作成绩提高……

何以如此神奇？我有一个大胆猜测：人的潜力到底有多大？不知道。平日，人的大脑只被开发了 5%，而当处于躁狂相时，可能大脑内产生了某种化学反应，大脑潜能突然在短时间内被多开发了一部分，种种超常便发生了……

也许有的读者会问：这不是好事吗？我还求躁狂而不得呢！

是的，是好事。但是，天下能有免费的午餐吗？无数血和泪的事实证明：在躁狂之后，必然有抑郁；躁狂有多高，抑郁就有多深。压躁狂，其实是为了防抑郁。

关于躁狂，我有一个解释：人的生命好比一碗灯油，一般来说，每个人拥有的灯油数量都是差不多的（天才除外）。你的生命之灯能燃多长时间，决定于你的火苗有多旺。当处于双相躁狂相时，你的生命火苗突然蹿高，烛照光亮的旅程；可惜，好景不长，你的生命灯油被消耗得很快，结局便是耗竭……

回顾我患病前后的情况，大致可以推定，2011 年的夏天，也就是患病前半年，我可能就经历了一段躁狂期。那时，精力无比旺盛，虽然每天只睡四五个小时，也毫无倦意；情绪总是高涨，心情总是愉快，思如泉涌，自信从容，工作顺利……岂知潜埋的炸弹即将引爆……

留存下来的，是那年 10 月我赴波兰访问时拍的一组照片。用的是一个小小卡片式相机，但取景、构图、用光，远超我平常水平。“摄影的本质是发现。”我回来后得意扬扬地向别人吹嘘。

我哪里知道，这是通往抑郁之路上的回光返照呢！

人的生命好比一碗灯油，一般来说，每个人拥有的灯油数量都是差不多的。当你处于双相的躁狂相时，生命火苗突然蹿高，烛照光亮的人生旅程；可惜，好景不长，生命灯油被消耗得很快，结局便是耗竭。

好医生好在哪里

最近连续接触了几个病例，对精神疾病治疗的复杂性有了一些领悟。

这几个病例，有的很快治好，也有的波动反复，或迟迟不见效。我反复思考，觉得可以用“治疗窗”这个概念来解释。

误诊难以避免

从现有医学实践看，精神疾病药物的有效性是显而易见的。这好比拉一下灯绳，“咔嗒”一声，灯就亮了——吃药就相当于拉下开关，只要药物到位，患者的症状自然就能缓解。

当然，这需要一系列前提条件。比如，灯要亮，必须有电，且线路是通畅的；同理，对患者来说，药要起效，首先药物要对症，其次患者要按医嘱吃药。

但现实总比理论复杂得多。据我观察，单一的精神疾病并不难治。比如说，单相抑郁症，即使到了重度，也可按图索骥，用上一两种抗抑郁药（多在 SSRIs 系列中选择），6 周到 8 周症状就能缓解；即使运气实在糟糕，换上一两次药总能见效。然后维持治疗几个月，或可临床治愈，进入减药阶段。

比较难治的是双相。双相之所以难治，首先在于确诊困难。

双相在发作之前，大多表现为单相抑郁，患者很少有躁狂或轻躁狂发作的体验。很多患者往往在多年后追溯病史时，才会隐隐约约想起自己或曾有过轻躁狂的迹象。也有约五分之一的双相患者，以躁狂起病，这又会被误诊为精神分裂症。

正因为如此，大多数双相患者都被误诊过。来自欧美国家的统计资料表明，双相患者平均要经过 8 年才能确诊。69% 的双相患者曾被误诊为单相抑郁、焦虑症、精神分裂症、人格障碍和物质依赖等。

其次，双相即使被确诊，治疗起来也比单相复杂得多。主要原因在于双相患者总在抑郁和躁狂的两极间游走或震荡，假如再合并抑郁、焦虑、强迫，或者人格障碍、成瘾行为，种种症状相互牵制，治疗时就会投鼠忌器，顾此失彼，很难下手。

患者自身情况，也是不能不考虑的制约因素。比如，有的患者肝功不好，或者血糖高，某些药就不能使用；有的患者体质较弱，对药物副作用耐受性差，其选择余地就会变小。

“治疗窗”的概念

由此，我提出“治疗窗”的概念。

我认为，一种复杂的精神疾病，如果合并多种症状，加之患者本人个体情况复杂，其治疗的时间和空间就会被限定。

这个治疗时空，或可比喻为一个窗口。单一病症的治疗窗口较大，随便怎么治都能见效；而病症每复杂一分，治疗窗口就缩小一分；复杂到一定程度，有限的窗口就会被横七竖八的木条遮蔽，且时刻在发生变化。一个精神科医生的高下之分，就在于他能否把握这个稍纵即逝的时机，把药物投进窗口。

首先，他要能准确识别各种症状的本来面目（它们经常是隐晦的或含混的）；其次，他必须宏观把握，通盘考虑，综合处理各种症状。要点不可缺，次序不能乱。否则，就会顾此失彼，“按下葫芦起来瓢”，对冲治疗效果。

《史记·淮阴侯列传》云：“时乎时，不再来。”所谓时机，就是指那种一旦失去，就再也不会回来的东西。对于治疗精神疾病，时机就是如此重要。

比如，患者本身包括其心理状态等内环境，就是一个变量。如果他身体状况佳，活力十足，他对于药物副反应的耐受性就较好；反之则差。这个时候，对治疗窗的判断，就是看患者体内的血药浓度范围。只要合并用药不超过治疗窗的上限，就可以抓住时机，大胆用药。

用药是一种艺术

最后我以自己为案例说明这个问题：

两年前，我患双相，未能被医生识别。耽误半年后，病情恶化，陷入深度抑郁，几成亚木僵状态。

后来求医姜涛大夫，他根据我治疗半年无效这个信息，猜测我有可能是双相；又根据我当时的低动力状态，判断我是去甲肾上腺素不足。

于是，他先使用对去甲肾上腺素有强刺激作用的瑞波西汀，意在把我从深度抑郁中提上来，同时试探一下会不会转躁，是不是双相；而为了防止可能发生的转躁，又并用碳酸锂，以防不测。后者是一种老牌的情绪稳定剂，是治疗双相的传统药物，同时有增效作用。

我推测，当时他的考虑应该是：如果我是双相，碳酸锂则为瑞波西汀保驾护航；如果不是双相，碳酸锂则可作为增效剂，协助瑞波西汀发挥作用。

一周后，我的状况没有丝毫改善。姜涛判断我抑郁太深，又加上 SSRIs 系列的抗抑郁药舍曲林协同作战。10 天后，药物突然起效，半年的阴霾一扫而空。姜涛见我好转如此之快，判断我已有转躁苗头，确信是双相，立刻大规模调整用药，停掉起了重大作用的瑞波西汀，减半舍曲林；同时加上奥氮平压躁狂。

再过一周，又加上一种偏于抗抑郁的新型情绪稳定剂拉莫三嗪，以防止压躁太狠而转郁。从此治疗方案稳定下来，并逐渐进入减药周期。

整个过程，对治疗窗口的把握，主次分明，先后有序，所以能够达到预期效果。

精神类疾病并非都是坏事，也会有积极的意义。它让你停下快速前行的脚步，盘点人生，重新审视自己、发现自己，从而更自信地面对世界。

科学的态度就是对未知常怀敬畏之心

我发了几篇探讨抑郁症药物治疗的文章后，引来一番关于“如何治病”“吃药不吃药”的争论。

类似的争论由来已久。面对精神疾病，确有很多人反对西医，反对吃药看病，主张心理、中医、针灸、灵修、瑜伽等，认为这些疗法见效快，不痛苦，无副作用，可以治根，永不复发。

比如，有网友评论我的文章说：

从抑郁症的诊断到治疗效果，都极其糟糕！双相的有一半是误诊！治疗效果呢？用医生自己的话说“用大炮打蚊子”，碰运气！这是患者、医学和社会共同的悲剧！最痛苦的还是患者及其家庭。

我不得不为这个女孩感到悲哀！被医院扣上一顶“双相”帽子，等待她的会是什么？吃药可以暂时缓解女孩的症状，但是女孩的现实问题，学业、人际……怎么解决？停药后的复发怎么办？将来生活中再遇到其他挫折呢……

还有一位网友献计献策：

完全不认可医生的诊断，这么多药，越吃越傻，干脆让她吃毒药早死算了。关键是解决母女关系！！！母女亲密了，孩子高兴了，症状自然会消失。

（笔者注：网友提到的女孩，是我此前文章中提到的一个患者。）

针对以上讨论，我一并表达我的看法：

1. 现代医学承认自身的局限性，承认治疗精神疾病的复杂性和长期性。比如，对于抑郁症，统计表明，治疗的有效率在70%。双相情感障碍则更低些。

这确实不令人满意，但也不是如上述网友所说，是“极其糟糕”。毕竟，全中国有病历记载的3000万名抑郁症患者，多数是通过西医治愈的。如果放弃西医和药物治疗，能否找到其他替代方式？如果不能，那么暂且不要否定西医。

2. 关于治本。其实，在很多时候，治标和治本，差别不是那么大。医学上本来就有“对症治疗”和“对因治疗”之说，并无高下之分。对于很多疾病，缓解症状足矣。比如感冒，它是一种自限性疾病，不加治疗，一个星期左右也可自愈。治疗感冒，只要能缓解头疼、鼻塞、咽痛症状就行，何须治本？

3. 关于副作用。副作用确实存在，但也没那么可怕。因为副作用的概率非常低，并不总是出现。副作用的大小，和患者本身关系很大，也与他服药时的内环境有关。无论如何，副作用和精神疾病对人的摧残相比，微不足道。因此，在疾病和副作用之间，应是“两害相权取其轻”。

4. 关于复发。精神类疾病治愈后确实容易复发，但并非无规律可循。经验证明，只要在规定时间段内，严格遵守医嘱，坚持服药，锻炼身体，辅之以心理调适，则复发的可能性并不大。

5. 概括而言，当下西医治疗精神疾病确实不够理想，但暂时没有别的疗法可以全面替代。它是无奈的选择，也是最不坏的选择。如果为此否定和放弃西医治疗，只单一尝试其他疗法，后果难测。而劝告患者不去看病吃药，对己对人，都风险极高。

6. 关于疗法之争。我认为，鉴于精神疾病的治疗总体水平不高，还有很多未知数，因此不要轻易否定别的疗法。更不能为了宣传某一种疗法，不顾事实，夸大自己，贬低别人。

医学是一门科学。讨论科学问题，要有科学的态度，即看到自身的局限性，以一种开放的、包容的胸怀，以严密的逻辑，去探索未知世界，而并非简单地坚持什么、肯定什么、否定什么。

一句话：所谓科学的态度，就是对未知常怀敬畏之心。

揭开抑郁症黑箱

抑郁症是最能摧残和消磨人类意志的一种疾病，它对人类经济生活、社会生活和精神生活造成的影响是灾难性的。

可是，迄今为止，在世界范围内，人们对抑郁症的认识还非常初级。抑郁症的发病机理、治疗路径、预防预后，仍是一个黑箱。世界各国对于抑郁症，至多是对症治疗，远不是对因治疗，还停留在经验和摸索的阶段。

抑郁症正离人们越来越近。了解抑郁症，科学对待抑郁症，是抑郁症治疗和康复的前提。为此，我和北京安定医院专事精神类疾病临床治疗的主任医生姜涛进行了一次对话。

认　知

人类对抑郁症的发病机理，以及对药物治疗抑郁症路径的认识还很模糊。

您诊治精神类疾病 24 年了，这几年，您感觉抑郁症患者数量在增加吗？

比以前大幅增加。有两个原因：一是诊断标准变化了，过去对精神分裂症的诊断标准过于宽泛，对抑郁和心境障碍的诊断标准过于严格，很多心境障碍患者都诊断为精神分裂症，现在就给他们摘掉精分的帽子，回归为抑郁症；二是这几年抑郁症的发病率确实逐年上升，大概以 10% 的速度在增长。

为什么抑郁症的发病率逐年上升？

这和社会竞争压力大、生活节奏快有关。抑郁症跟外界环境的关系比精神分裂症要紧密得多。

仅仅竞争压力、生活节奏快，会造成抑郁症吗？

不会。抑郁症是多种因素综合作用的结果，有遗传因素、心理因素以及社会因素。其中决定因素实际上还是生物学因素，即遗传因素。研究表明，抑郁症的遗传度达到 40%，就是说，如果你携带致病基因，那么发病的可能性达到 40%。

因此，如果你本身有家族史，基因有缺陷；加上性格压抑、环境压力大，再遇到什么大的刺激，就可能暴发抑郁症。

也有人得抑郁症，找不到任何原因。没有家族史，生活没有压力，性格也很好。那可能是存在基因突变。

如何判断一个人有没有抑郁症基因？

这不好判断，因为抑郁症的基因没法确定。目前对抑郁症的认识，还没能深入细胞里面，只停留在现象学的范畴。

目前的研究已经证明，精神类疾病，无论是抑郁症、双相情感障碍，还是精神分裂症，都跟大脑的神经递质有关系？

是的。20 世纪上半叶，研究人员获得一些抑郁症自杀者的大脑，解剖后发现三种神经递质（5-HT、去甲肾上腺素和多巴胺）浓度低于常人。这三种神经递质非常有用处，它们的功能是在脑细胞之间传递信息，掌管人的情绪、意志、欲望、情感等。

如果这三种神经递质多了或是少了，就会表现为抑郁症、双相或者精神分裂症，以及其他大脑疾病。

不过，这仍然只是对现象的描述。相关性确实存在，但为什么相关不清楚。抑郁症的发病机制很复杂，目前仅有一些假说，这些假说都有一些研究结果来支持，但这些假说有时互相矛盾，甚至互相否定。

现在倾向于认为，抑郁症是一组病因和发病机制不同的异质性疾病，而不是一种疾病。它们各有其发病的原因和机制，无法用一种病因和机制来做出解释。

能不能通过显微镜之类的仪器看清楚？

这个东西太微观了，实际是在中枢神经细胞的细胞器中。它的变化，发生在线粒体、内质网、细胞核里头。现在还没有仪器能观察它。

这方面科研进展不快？

美国在10年前做了一个“脑风暴”，专门研究神经系统，投了很多钱，最后没有取得什么有创造性的成果。

中国呢？

相对于发达国家，中国这方面研究进展更差一些。

有人说，人类对大脑的了解，只是冰山一角。这符合实际吗？

对。我还听说一句话：人的大脑中有100亿个脑细胞，宇宙也有100亿颗星星，但目前人类对大脑的了解，还远不如对宇宙星球的了解。

也就是说，我们对抑郁症发病机理的研究，以及对药物治疗抑郁症的路径的认识还是很模糊？

我再打一个比方吧：糖尿病也很难治，如果说当代医学对糖尿病的认识达到近代的话，对大脑疾病的认识，恐怕还停留在公元前。

诊　断

如果为精神疾病画一个谱系，那么抑郁症在最左边，精神分裂症在最右边，双相情感障碍在中间。从左到右，越来越脱离社会。

如果医学对抑郁症的认识还这么粗浅，那么治疗岂不是没什么把握？比如，第一步，如何诊断？

诊断确实是一个难题。精神类疾病的诊断，不能靠化验和仪器，主要靠问诊。而问诊，主观性很强。比如，有个大夫自己得过抑郁症，他有可能主观地把好多人都看成是抑郁症。

抑郁症和焦虑症、双相情感障碍以及精神分裂症，有时候因为症状有交叉，鉴别诊断很难。如果误诊，治疗效果会适得其反。

在抑郁症知识未普及前，约20%的抑郁症患者因伴随幻觉和妄想，被误诊为精神分裂症。对抑郁症的认识提高后，双相情感障碍抑郁发作又容易被误诊为单相抑郁发作，就是平常所说的抑郁症。

双相情感障碍是指发病以来，既有躁狂或轻躁狂发作，又有抑郁发作的心境障碍。它和抑郁症虽然都属于心境障碍，但在治疗原则上显著不同。

双相情感障碍的自杀率高于抑郁症，如果按照抑郁症治疗，一是对抗抑郁药物有抵抗而难治；二是解除抑郁后，会导致转向躁狂，发病频率明显加快。发作频率越快，治疗难度越大，患者自杀风险越高。

要做到正确诊断，有什么样的原则？

首先详细询问病史。准确的精神检查结合其他相似患者的临床经验，时间长了就能形成基本准确判断。

比如，抑郁症、双相情感障碍和精神分裂症患者在社会交往和社会适应及社会功能方面都是不一样的。抑郁症的病人其实更接近正常人，你和他交流，能感受到他和正常人很接近，思路很清晰，他的痛苦体验也很高；双相情感障碍就有一些脱离主流的表现，会有一些精神病症状掺杂其中；精神分裂症患者基本上没有正常的思路，情感表达很糟糕，完全游离在一个正常人群之外。

如果为精神疾病画一个谱系，那么抑郁症在最左边，精神分裂症在最右边，双相在中间。从左到右，越来越脱离社会。

那误诊率高吗？

应该挺高的。像北、上、广这几个城市，识别率比较高。一些偏远的基层医院，误诊就比较多。

用　药

抑郁症临床表现有多种变异性，不同的药，药性有差别；同一种药，不同的病人反应也有差别。选药时，既要把握某一种药的药性，又要能合理评估它对于病人的效果。

诊断容易出错，用药呢？

用药也很复杂。刚才提到，抑郁症和大脑内三种神经递质（5－羟色胺、去甲肾上腺素、多巴胺）的浓度有关。治疗抑郁症的药物，大都是针对这三种神经递质开发的。

最早的治疗抑郁症药物异烟肼的发现，纯粹是一个偶然。当时的异烟肼是抗结核病药物，可是在做药物实验时，意外发现结核病患者服用异烟肼后会改善情绪。顺着这个路径，第一代抗抑郁药物就被研制出来了。

至今，抗抑郁药物经过不断改进，已经发展了很多代。比如，单一作用于5－羟色胺的一类药是SSRIs系列，包括六种药，其中最常见的是百优解；单一作用于去甲肾上腺素的，称为NE系列，比如瑞波西汀；单一作用于多巴胺的是DA系列，比如安非他酮；还有双重作用于5－羟色胺和去甲肾上腺素的，是SNRI类，如文拉法辛；还有去甲肾上腺素及特异性5－羟色胺抗抑郁药，叫Nassa系列，如米氮平等。总共几十种药。

如果不同类、不同种的药物，排列组合起来，可能的选择就更多了。

选药的难度在哪里？这么多种药，如何选药和确定组合呢？

抑郁症的一大特点是异质性，临床表现也有多种变异性；不同的药，其效用有差别；同一种药，用在不同的病人身上，反应也有差别。

所以临床医生选药还是有难度。既要把握某一种药的药性，又要能合理评估它对于病人的效果。

怎么综合判断？

一定要积累更多的临床经验，同时更多阅读临床循证文献。你见的病人越多，积累的临床经验就越多。结合循证医学的理论指导，就能把病人分成几种类型，长期下来，就能找到一些规律。

这么多种药，能不能说哪个药更好？

不存在明显的等级关系，选哪个都可以，关键看药物对于病人的疗效、耐受性及安全性。作为医生主要还要积累临床经验、积累用药的感觉。

药物的有效率有多高？

一般单相抑郁的话，有效率还是比较高的，接近 70%；如果是双相抑郁，单纯使用抗抑郁药物有效率可能也就是百分之四五十，甚至更低。

如果无效，那怎么办？

如果这种抗抑郁药物疗效不佳，或者耐受性不好，就可以考虑换药。

换药要特别小心、仔细，要考虑到各种风险。病人可能会非常难受。要具体情况具体分析。

您看的病人有没有两三个月都没效果的？

有，当然有。有一些难治性抑郁症的患者，对于许多抗抑郁药物都存在治疗抵抗的问题，需要多方位的评估判断，同时根据既往获得的临床经验，合理选择抗抑郁药物，才有可能改变临床疗效。

能不能用仪器测一测，发现病人缺哪一种神经递质，然后对症下药？

目前没有这种仪器。

抑郁症中，有一种类型叫难治性抑郁。这是什么因素造成的？

有的是临床异质性，是基因决定的；还有就是反复发作治疗不当引起的。

碰到这种病人怎么办呢？

非常难办。但只要坚持治，多多少少都会有效果。但是疗效不好，预后不佳。

我观察到您喜欢联合用药。但很多医生不主张联合用药，认为这样做会加重药物的副作用；而且一旦起效，不知道是哪一种药起作用，会影响后续治疗。

单一的抑郁症，不需要联合用药。但如果治疗难治性抑郁症，联合用药效果可能会更好。尤其是双相抑郁的患者，更需要联合用药。可以在充分使用心境稳定剂的基础上，短时间使用合理的规定的抗抑郁药物。但 SNRI 类的药物不宜选用，因为这一类药会刺激你兴奋。

至于各种药之间的相互作用，要注意到有一个窗口期。你对药物的药理、毒理都要特别明确，同时对病人的耐受性有判断。你还可以问一问病人是不是过敏体质，他的家人是不是也有抑郁症，吃过哪种药、药效怎么样。你选药的时候把这几个方面结合在一起。

这很复杂啊。

也不复杂。对医生来说，积累临床经验，熟悉各种药物的药理特点及临床效能，就可以做出全方位的判断。

很多病人都不愿意吃药。有人就在家硬扛着。不过确实也有

人就扛过去了，慢慢自愈了。

抑郁症有自限性特征，确实有人不吃药，一两个月也能好。不过，这要动态观察，如果不治疗，很可能延宕一两年就会复发，而且更严重。有的人，到了老年，突然得了抑郁症。你仔细问他，原来他二十多岁的时候就得过。

为什么会复发？什么时候会复发？可控吗？

这是个未知领域。抑郁症复发与大脑神经递质受体的活动、递质的代谢，以及细胞内生物合成的一些过程有关。

这些都是不可知因素？

对，医生治疗抑郁症及其他精神疾病，很多都是未知领域，要积累很多临床经验，才能对病人复发有一定预判。比如，病人问我几年能停药，我只能根据病情发展及疾病特点，以及对于药物的反应，还有社会功能恢复的情况给出一个合理的建议，不能草率决定停药。

失　眠

睡眠障碍也是一种病。失眠有很多原因，也有很多类型。

用药还有一个重要问题是失眠。现在失眠的人越来越多，失眠和抑郁症之间有什么样的关系？

抑郁症的一个最危险的预测因素就是失眠。长期失眠的病人发生抑郁症的风险很高。

失眠还有哪些危害？

失眠对人体的伤害主要是精神上的，一般不会使人致命。但失眠的人长期处于睡眠不足状态，严重的会引起感知方面的变化，如，视野变化、幻视、消化功能和性功能减退、记忆力下降、脾气变得暴躁、性格改变，也会诱发高血压、冠心病、中风、糖尿病，对女性还会导致皮肤干燥、月经失调等疾病。

有时候，失眠也会导致器质性疾病，还会使人免疫力下降。

很多人不重视失眠。一是听之任之；二是只要失眠，就吃安眠药。

长期来说，这是不行的。失眠有很多原因，抑郁症、双相情感障碍、精神分裂症，压力、焦虑、兴奋、恐惧，都有可能造成失眠。失眠也有很多类型，有的是难以入睡，有的是早醒，有的是睡眠质量差。

所以失眠不能随便吃安眠药，拿到哪一种就吃哪一种？

对，治疗失眠的药物有很多类型。目前常用治疗失眠的药物有镇静催眠药，包括巴比妥类、苯二氮卓类、非苯二氮卓类，还有抗抑郁药物类，等等。仅仅苯二氮卓类，就有地西泮、氟硝西泮、艾司唑仑等多种不同药理特点的药物。

睡眠障碍也是一种病。不能随便吃药，要到医院治疗，找到失眠的原因，对症下药。

医院、家庭和社会

中国的精神科医生现在只有两三万人，缺口40万；社区防控基本是空白。不仅仅抑郁症，双相情感障碍、精神分裂症，长期治疗、防控和康复都应该在社区完成。

现在安定医院病人多吗？

太多了，全国各地的都来。

您一天要看多少个病人？

每天大约80个病人，一天的门诊时间要在8个小时以上。病人看不完，根本下不了班。

为什么会这么忙？

没办法，现在中国的精神科医生缺口达40万。目前有执业医师执照的精神科医生才两三万人。有很多医生在干这个活儿，但没有这资质，根本就没有执照。

您一天看80个病人，分配给每个病人的，也就几分钟吧？

有很多病人是单纯取药的，也有很多是病情稳定复诊来的，这样的病人比较快。遇到首诊的复杂的病人，需要仔细询问病情病史，至少得 15 分钟。

国内正规医院精神科的诊疗费用怎么样？

很便宜。正主任医师，有教授职称的，挂一个号 14 元；没有教授职称的是 9 元；副主任医师是 7 元；主治医师是 5 元。心理治疗价格更低，在安定医院，心理治疗的价格是 20 分钟 40 元。而到非公立医院的机构去做心理治疗，动不动就是几百元上千元。

这样的状况，会造成很多抑郁症患者得不到专业治疗。

我看到文献资料，1990 年，中国仅有 5% 的抑郁症患者得到治疗，而美国同期的数字为 35%。

2003 年，对北京市的一项调查显示，当时北京市 1278 万人口，有近 87.8 万名抑郁症患者，其中近 42.3 万人处于有症状期。

最好的治疗是预防。抑郁症的预防有什么难点？

所有疾病的防控其实都应该形成网络防控体系，尤其是抑郁症。

治疗的效果总是有限的，重要的是病人自己的预防。这和他的文化程度、家庭关注、社会关注都有关系。只有自身重视，又有家庭支持、社会支持，才能做到个人的防控。

没有一个社会支持系统，光靠患者本人，90% 的患者都做不到很好的预防。

社会支持系统现在怎样？

社会支持不够，政府投入不够，国民对抑郁症的认识不足。按道理，对抑郁症，应该有三级防控。现在都很不到位。

哪三级防控？

就是医院、社区、家庭。医院只是初级防控，大部分、长期的防控，都得在社区做，在家庭做。现在社区防控基本是空白。不仅抑郁症，双相情感障碍、精神分裂症，长期治疗重要的防控和康复，都应该在社区完成。

是不是说，因为家庭、社区这两级防控没有做好，才导致医院这一级的压力特别大，所以您一天要看 80 多个病人？

对，就是这个意思。

如果抑郁症不加治疗，或者治疗效果不好，最后会演变成什么状况？

一是自杀，二是变成慢性抑郁。自杀率上升，失业人群多；抑郁症病人家庭受拖累，社会负担加重，国家财政也受损失。

我知道有一个统计数据：中国抑郁症一年总损失达 513.7 亿元，其中 56.2 亿元为医疗费用，此外都是“间接成本”，包括患者因病失去工作或不得不调换工作带来的损失。

因为抑郁症自杀而导致的过早死亡，也带来经济上的损耗。据测算，农村间接损失为 43.03 亿元，远超城市的 8.11 亿元。至于慢性抑郁带来的后果，就无法计算了。

据说抑郁症患者自杀率非常高。

对自杀率很难有一个准确的测算。对于抑郁症患者，最需要防范的就是自杀。有一种不精确的估计，说抑郁症病人最后的结局是三个三分之一：三分之一痊愈、三分之一转为慢性、三分之一自杀。

慢性抑郁会怎么样？

病人会持续处于一种社会适应不良状态，人际交往功能下降，社会功能受损非常严重。他的智力可能不会下降，但是认知功能下降明显，丧失大部分工作能力，天天在家待着，什么都不能干。

这也可以称为精神残疾。这样的人如果不是一个两个，国家财政的负担就大了。

有这么严重？

当然。整个社会对于抑郁症关注不够，重视不足。即使患者就在我们身边，我们也不一定能够意识到这方面的问题，从而患者得不到及时的诊治。

如果为精神疾病画一个谱系，那么抑郁症在最左边，精神分裂症在最右边，双相在中间。从左到右，越来越脱离社会。

自渡

题记

内心的力量

在上篇题记中，我提到，“他渡”是现代医学对抑郁症患者的拯救。中度以上的患者，应该面对现实，相信科学，积极求治，争取临床治愈。

但同时，“他渡”又不是孤立的。抑郁症作为一种身心疾病，既是生化现象，又有心理特性。其症状表现为海平面波涛汹涌，根源则是海底火山喷发。现代医学只能临床治愈抑郁症；要彻底治愈，还需要内心的力量，修复心灵深处的伤口。

这就是说，仅仅“他渡”还不够，还需要“自渡”。“他渡”与“自渡”合力，才能相互支撑，合力完成对生命的救赎。

基于上述认识，本篇重点从大脑科学原理层面和心理学层面，探讨患者如何理解自我，观照自我，完成精神世界的重建，实现抑郁症的彻底治愈。

做自己的心理医生

中国古代智慧有“身心一体”之说，大意是说，精神不是独立于肉体之外的无形之物，和肉体是对应的。人有一个能产生思想和情绪的大脑，人类的所有复杂情感，都有与其对应的、精巧的生物学机制。

由此推论，抑郁症是一种身心疾病。它既有大脑的功能性病变，又有心理上的认知误区。人的基因奠定了生理易感性基础，再与外界环境发生相互作用，影响到情绪，反馈到自身，从而表现出一系列抑郁症状。

概而言之，抑郁症是一个动态的过程，是一个庞大系统的综合表现，而不是单独的基因、神经递质和心理问题。它不是仅靠药物治疗就能够彻底治愈的。

药物治疗的有限性

时至今日，现代科学已经能够大致厘清精神疾病药物治疗的原理。

简单地说，类似抑郁症、双相情感障碍、精神分裂症等心境障碍，大多与血清素、多巴胺、去甲肾上腺素等化学递质有关。某些药物，可以提高或降低化学递质在中枢神经突触间隙间的浓度，从而改变患者的情绪，疾病的症状也就相应地得以缓解。各种抗抑郁剂、抗精神病药、情感稳定剂、抗焦虑药的生产原理，大体如此。

由此可见，药物是跳过了产生情绪的外部原因，直接通过化学方法，作用于神经递质，改善大脑的功能，从而临床治愈精神疾病。

但是，正如“身心一体”之说，在精神科领域，任何一种症状背后，都有深刻的心理意义。现实生活中，我们可以观察到，相当一部分患者即使通过药物治疗改善了情绪，但认知模式没有改变，心理冲突依然存在，生活中的很多困扰难以解决，就给疾病的复发埋下了隐患。

还有一些患者，他的气质就是忧郁的和悲观的，性格基础易于产生抑郁情绪。打一个比喻：他的内环境好比一个温床，杂草滋生其间；抗抑郁药物就像除草剂，虽然除掉了杂草，但温床还在，一遇到合适的环境，依然会杂草丛生。

要彻底治愈抑郁症，就要斩草除根，同时进行药物治疗和心理治疗。

难以打开的内心世界

相比于抑郁症的药物治疗，心理治疗更是一条漫漫长途。无论治疗者还是被治疗者，只能用自己的内心去体察疗效，无法确定何时才是治疗终点。

原因在于，患者的内心是一个很难打开的世界。

不是说患者主观上不愿意打开（这种情况当然也很常见），而是客观上，人的心理有本能的防御。抑郁作为一种心理疾病，会让患者更加封闭；不恰当的防御方式，会构成心理障碍的一部分，甚至超越其本身。

从心理学理论看，抑郁症的真正成因在人的内心深处，即性格和人格。有一种观察认为：抑郁症患者的人格结构中，有一个严厉的惩罚者，这个惩罚者会时时监控他或者她的言行，一旦出现一点点过错或者失误，这个惩罚者就会以极其严厉的方式实施制裁和谴责。这样的自我攻击，会使得他自责自罪、活力降低、自我价值感低下，抑郁症就会不期而至。

千万不要以为吃了药就万事大吉，一定要对自己的痛苦承担责任。配合医生，直面内心，以“自知力”和“自我改变的愿望”作为依托，解决对自己实际产生困扰的问题，才是自我成长和疗愈之道。

对人性和人生的觉察和反省，是真正文明的标志。如果一个人缺乏自我观照和观察的能力，不管他在世俗功业上多么成功，灵魂中的那份孤独都是最无奈的伤痕。

心理分析师良莠不齐

人性和人心，是微妙和复杂的，决定了心理治疗也非常微妙和复杂，比药物治疗更难以把握。

药物治疗是用药物强行改变大脑的化学环境，从而改善情绪；心理治疗则是帮助患者发现内心被扭曲的情感力量，厘清来龙去脉，领悟它与自己存在问题的关联，改善患者情绪，求得身心统一。

因此，一个好的心理医生，是引导患者生命之船的舵手。他必须有精粹的专业知识，有聪颖的悟性，有冷静的头脑，有共情的能力，有爱心、耐心和良好的心理素质，还应该有丰富的人生阅历。他经历的痛苦越多、对生活的体验越丰富，越能帮助别人。

在现实中，好的心理医生甚至比好的西医更加难求。我经历过三位心理医生，三种类型，都不成功。

第一位是女士。她自称经常被跨国大公司请去做讲座。她坐在我面前，彬彬有礼，腰板笔直，双膝并拢，两手交叉放在膝盖上。我一开口，她就拿出笔来在小本子上画，一副很职业的样子。

她先问了我简单的情况，然后自信地说："如果你在一个月前找到我，现在病就好了，根本用不着去医院。"

接着，她开始给我讲道理："人是万物之灵，和动物相比，人最不一样的就是有意志。疾病这东西，你硬它就软，你软它就硬。要靠意志战胜病魔。宝剑锋从磨砺出……"

听到这里，我接茬儿说："梅花香自苦寒来。"她一愣，顿了顿，颇有些扫兴地说："对。"

接下来，我就没兴趣认真听下去了。她说的都是些鼓励的话，正面而宏大。我后来把她归类为"励志型"。

第二位是男士。他头发后梳，脑门大而亮，眼睛炯炯有神，显得智慧聪颖。

他开场先讲了个成功案例：某人，因为什么事情找到他；他如何劝慰，如何有效，对方如何感激涕零。然后，他拿出手机，翻出那个患者发的短信，站起来，绕过桌子走到我面前让我看。

正式开谈，他先问我的情况，然后开始出谋划策。比如，谈到工作压力大、难度高，他说："有两个办法，一是往上蹿一蹿，二是往下缩一缩。如果是年轻人，应该加强学习，提高自己，往上蹿；像你都40多岁了，学习能力已经不行了，那就往下缩。你可以向领导提出来，换一份轻松的工作。我不相信你在单位就找不到一份轻活儿。打扫卫生总行吧？"

话毕，他又非常理解和同情地对我说："当然了，这话说起来容易，做起来很难。中国人就是能上不能下。可你现在没办法，总得面对现实啊。"

谈完后，他主动让我记下他的手机号，说："再过一星期，你再来找我，向我汇报教给你的办法你做到没有。如果你能做到，慢慢就能好起来。不然我也救不了你。"

我频频点头，可是出门忘了保存他的手机号。自然也再没找过他。

第三位，又是位女士。她属于"人格分析型"，对我既不励志，也不按世俗的智慧进行指导，但能够从我叙述的只言片语中，敏锐地抓到我性格中的某些特点，拼出我既往生活的一些画面。其中有的对，有的接近，有的不对，但她自己有着完整的逻辑。

不过，听着她分析，我想，我对我自己知道得更清楚。你分析得再对，只能证明你聪明，对我有什么用？

当我对她的分析提出异议时，她说："那是你的潜意识在那么做。"一说"潜意识"，我就理屈词穷了。潜意识就是自己不知道的意识，我还能怎么说？

当我提到我在安定医院看病，每天吃很多药时，她充满同情地看着我说："你吃什么药啊？你有什么病啊？"

她最后总结说："你的抑郁，其实是你潜意识的自我选择。过去你受过很多伤害，就像你的胳膊被一小刀一小刀拉伤一样。现在，你是在用抑郁的方式总罢工，来对你周围曾经伤害过的人进行报复，让他们为你着急、痛苦。"

她还说："我支持你，继续在这样的状态中多停留一段时间，想耍脾气就耍脾气。到自己想走出来时，你就走出来了。"

对此我不敢苟同。因为我知道，我迫切想好起来，是不愿意停留在抑郁状态的。

其实，不仅中国，在国外，心理咨询师也是良莠不齐，找到一个好心理咨询师同样很难。一个心理咨询师仅仅停留在释疑解惑层面，远远不够。无论是谈人生大道理，还是克服生活困难的勇气，心理医生并不一定比患者出色。患者并非不明白某一个道理，或者缺乏某方面素质，而是他内心有一股无形的狂风，阻碍他发挥自己的能力。

自我疗救之道

正因为好心理医生难求，才会有一句广为流传的话：做自己的心理医生。

这是一种现实的选择。心理治疗的要义是直达内心，这条通道只有自己知道。做自己的心理医生，效果可能更为彻底。

就心理调整而言，其基本手段是用健康的思维方式替代不健康的思维方式。同样一个事物，用不同的思维方式来观察，会得出截然不同的结论。积极思维看到好的一面，负面思维只关注坏的一面。后者比较悲观，前者则健康而乐观，当然也就更加进取。学习观察事物的积极方面，是一种重要的训练。

做自己的心理医生，就要提高自己心理调节的能力，有意识地缓解来自环境的压力。从更高层次看，是要跳出自身。好比拥有精神中的“第三只眼睛”，能够观察自己情绪的变化，寻找心理扰动的原因，正确应对纷繁复杂的现实。

抑郁症是人体最为复杂的疾病之一。从基因到大脑到环境，环环相扣，相互反馈。个体在整个环节中的薄弱点，不尽相同却又各有相似。如此复杂性决定了抑郁症需要科学、系统的治疗方法。

做自己的心理医生，并非易事。要学习很多知识，包括大脑的工作原理、心理学知识等，并在此基础上灵活运用，深入内心，观照自我。

这绝非一朝一夕之功，但如果做到了，将导致人生观和价值观的重塑，甚至成为自我发现和灵性成长的契机。

有一首诗说：

当我真的愿意看见自己时
我可能还会痛
但已经不再抱怨
我深知
这痛
只因遇见真实的自己
曾经那个不懂爱的自己
透过痛
生命正在穿越和成长

我深知
我的内在有一个真正的宇宙
生命里所有的智慧
都在里面蕴藏和发酵
我愿意
继续了解和发现未知的自己
不断与真实相遇
我知道
透过真正地了解自己
我会真正了解生命
和了解宇宙的奥秘

中国古代智慧有『身心一体』之说，大意是说，精神不是独立于肉体之外的无形之物，而和肉体是对应的。人类的所有复杂的情感，都有与其对应的精巧的生物学机制。

什么叫“身心一体”

谈及心理治疗，首先要懂得“身心一体”这个古老的哲学观念。

神经科学家最新研究证明，精神不是独立于肉体之外的无形之物，而有着以大脑为主体的完整精密的生物学机制。人类的所有复杂情感，都和大脑有着密切的对应关系。

生活在丰富多彩的世界，人们必然会流露出各种情感。情感一旦产生，就会唤起各种生理反应。心脏、血管、肠胃、内分泌等都开始工作，并通过皮肤电压、血压、心跳、腺体分泌等生理指标表现出来。它们原始、简单而直接，大部分属于无条件反射，意志对它们的调节和控制作用是非常有限的。

这些生理反应有着极其重要的效应：它能让人在刺激发生

前，形成必要的生理、行为和精神方面的预准备，在刺激中正确地引导生理、行为和精神活动；还能让人总结教训，在下一次同类刺激出现时，做出更好的反应。

具体而言，人体的各个器官，和情绪之间会有什么样的对应关系呢？

情绪和心血管

情绪对心血管活动有明显的影响。例如，愤怒、恐惧、惊慌、喜悦、激动等，均可以导致心率加快、呼吸加速。

这些情绪有一个特殊的功效：唤醒作用。这是一种外在的刺激，能够引起心血管和呼吸活动增加，促使身体兴奋。单调的环境刺激让人沉闷，唤醒则对外界刺激提出警讯，让人体做好应激预备。

情绪和内脏

下丘脑及其边缘系统，是部分情绪中枢的传出路径，对内脏活动有更为广泛的调节作用。

中国医学对此曾有非常深入的观察和具体描述。例如，中医很早就描述了五类基本情绪（喜悦、愤怒、忧思、悲哀、惊恐）与内脏活动的关系，并指出过度情绪活动会导致内脏功能受损。

情绪之间还有相互调节的作用。无须开导、暗示等高级认知过程，只需要利用情绪之间的相互作用，就可以调节人的情绪状态，进而调整内脏功能。例如，痛哭一场就能化解愤怒情绪，适当的惊恐可以让狂喜而失态的人恢复正常。

确切地说，不是情绪影响了内脏功能，内脏调节本身就是情绪的一部分。在进化史上，情绪和内脏功能可能具有更为基本的联系，是环境对机体的直接调节路径。人类的进化、认知活动的介入，使得情绪具有更多的行为学色彩。

情绪和骨骼

情绪会影响人的肢体运动，身体语言伴随着明显的情绪特征。成语“手舞足蹈”，就是兴奋情绪造成运动增多的例证。人如果悲痛，动作也会显得迟缓。“狗急跳墙” 是指危险环境在瞬间对运动功能的激发。过度恐惧导致肢体瘫软，也是极端情绪对运动功能的阻滞。

鉴于情绪对运动功能的普遍调节作用，善于观察的人可以从人们微小的表情和技体语言，判断其情绪变化。

情绪对人体会有哪些作用呢？且看心理学史上一些重要的情绪实验。

情绪实验一

美国心理学家曾做过一个实验：先让一名受试者观察一个因

犯受刑的过程。医生用火钳从炉中夹出一枚烧得通红的硬币，放到囚犯手臂上，只听“刺啦”一声，伴随着一声惨叫，囚犯手臂被烧起一缕轻烟。

反复数次后，医生把受试者也捆在椅子上。然后从炉中夹出一枚同样烧红的硬币说：“现在要把这枚硬币放到你的手臂上。”随后，受试者感觉到有一个热物落到手臂上，他感到剧痛，惨叫起来。这时医生们发现，受试者的手臂上出现了一个硬币大小的三度烧伤疤痕。

实际上，那枚硬币，只是稍微加了一下温，根本不可能造成烧伤。那么这个三度烧伤从何而来？只能认为，是精神——意识使肉体烧伤。因为精神意识认为肉体在那样的情况下应该烧伤，于是就真的烧伤了。这是肉体对外来刺激的被动反应。

这个实验证明，精神对肉体有一定的支配能力。

情绪实验二

将一只小白鼠放到一个水池中。这只小白鼠没有马上游动，而是转着圈子“吱吱”地叫。它的鼠须是一个方位探测器，叫声传到水池边沿后，声波反射回来，被鼠须探测到，以此来判定目标的大小、方位、距离等。小白鼠尖叫着转了几圈，朝着距池边最近的方向游过去，很快就游到了岸边。

然后，又选了另一只小白鼠，这次将它的鼠须统统剪掉，再放到水池中心。这只小白鼠同样转着圈子“吱吱”叫着，但由于鼠须被剪，它无法测定方位。它着急地继续转着、叫着，依然无能为力。不一会儿，这只小白鼠沉到水底淹死了。

心理学的解释是：白鼠的鼠须被剪，无法准确测定方位，不知道水面有多大，自认为无论如何是游不出去的。在这种情况下，它不知道怎么办，绝望中放弃了努力，身体力量丧失，结束了生命。

综上，情绪具有非常广泛的传出作用，它对内脏运动和躯体运动都有显著的影响。

更进一步说，情绪对人的认知活动和行为决策，都具有明显的作用。它改变着行为本身，成为生命活动中的重要一环。情绪活动是高级动物更为普遍和基本的环境适应方式。

一个好的心理医生，是引导患者生命之船的舵手。他必须有精粹的专业知识，有聪颖的悟性，有冷静的头脑，有共情的能力，有爱心、耐心和良好的心理素质，还应该有丰富的人生阅历。

大脑和精神疾病有何关联

越来越多的人认识到，精神疾病是大脑的功能性病变。在人类大脑中，无时无刻不在发生着复杂的化学反应，由此形成的各种动态系统，支撑着人类的心境、情感、意志等高级精神活动。

以抑郁症为例。大脑的不同区域调节着心境。研究者们认为，相较于特定的大脑化学因子，神经细胞间的连接、神经细胞生长，以及神经网络功能才是影响抑郁症的主要因素。

最新的脑成像技术的进步拓展了人类对大脑科学的认识空间。例如，正电子发射计算机断层显像（PET）、单光子发射计算体层摄影（SPECT）以及功能性磁共振成像技术（fMRI）等，能够对工作中的大脑进行更深层次的研究；fMRI 扫描可以实时追踪脑区活动变化；PET 或者 SPECT 可以对特定脑区的神经递质受体的分布和密度做记录和映射。

使用这些技术，可以更好地了解脑区不同部位如何调节心境以及其他功能。

大脑的重要功能区

先对大脑中一些和精神疾病有关的重要部位简析如下：

杏仁核（Amygdala）：杏仁核是边缘系统的一部分，深埋在大脑中，和情绪紧密相连，例如愤怒、喜悦、悲伤、恐惧，等等。研究表明，当人们开始回忆带有强烈情感因素的记忆时，杏仁核会被激活；当人们忧伤或者被临床诊断为抑郁时，杏仁核的活跃程度会更高。这种活跃程度的增加，甚至在人们从抑郁症中恢复健康后依然存在。

丘脑（Thalamus）：丘脑接收大部分感觉信息，并且将它们传递给大脑皮层（Cerebralcortex）的对应区域。它涉及高水平的大脑功能，例如演讲、行为反应、运动、思考以及学习。双相抑郁症障碍可能是丘脑出现问题导致。

海马（Hippocampus）：海马也是边缘系统的一部分，它在处理长时程记忆和回忆中起到主要作用。海马和杏仁核的功能有相近之处，正是这部分脑区使人产生了恐惧感。比如，一个人小时候曾经被狗咬，这个恐怖经历，在他长大后再次面对犬吠时还会产生恐怖反应。某些抑郁症患者的海马体积较小，也提示长时期的精神压力导致其脑区神经细胞受损。

神经递质和神经细胞间通信：神经递质是帮助一个神经元向另一个神经元传递信息的化学分子。其工作原理是：每个神经元拥有一个和所有细胞的生长息息相关的细胞体。电学和化学信号的组合为神经元内和神经元间通信提供可能。当一个神经元被激活时，它将一个电学信号从细胞体递送到神经末端，此处化学信号被称作神经递质。该信号刺激特定的神经递质，将其释放到该神经元和相邻神经元树突之间的空隙中，该空隙被称作突触。当神经递质在突触间不断浓缩时，神经递质分子开始与两个神经元膜上深埋的受体相结合。

神经递质一个神经元的释放，可以激活或者抑制第二个神经元。如果该信号被激活或兴奋起来，会在这条特定的神经通路上持续传递。如果是抑制性的，该信号会被压制。神经递质也会影响到释放它的神经元本身，一旦第一个神经元释放了特定量的该化学分子，一个反馈机制（由该神经元上的受体所控制）会指挥神经元停止泵出这种神经递质，并且开始将该递质吸收回细胞膜里。这一过程被称作重吸收（reabsorption）或重摄取（reuptake）。

抗抑郁药物的主要功能，就是在神经元间隙调节这些物质的多寡。很多情况下，这种变化能够给机体足够的刺激，以保证大脑更好地行使功能。

多种多样的神经递质

科学家们已经鉴定出很多种不同的神经递质。在此列举一些在抑郁疾患中起着显著作用的神经递质：

乙酰胆碱（Acetylcholine），增强记忆，并且在学习和回忆中起作用。

血清素（Serotonin），又称 5 －羟色胺（5−HT），辅助调节睡眠、食欲、心境，以及抑制痛觉。它和自杀的高风险率有关。

去甲肾上腺素（Norepinephrine），主要作用于血管收缩，提高血压。它有可能触发焦虑，和一些类型的抑郁症相关。它同样辅助于动机决定和奖赏。

多巴胺（Dopamine），对于运动功能起主要作用。其传递异常很可能与精神疾患有关，会产生幻觉（hallucinations）、妄想（delusions）等扭曲的思考方式。

谷氨酸（Glutamate），是一个小分子物质，被认为是一种兴奋性神经递质，在双相情感障碍和精神分裂症中发挥作用。碳酸锂是用来治疗双相情感障碍的心境稳定剂，研究表明，它对于暴露在高水平谷氨酸中的大鼠大脑起到防止神经元受损的作用。其他动物研究提示，锂制剂有可能稳定谷氨酸的摄取，这种机制有可能解释该药物如何在躁狂时期稳定心境，在抑郁时期提高心境。

γ－氨基丁酸（GABA），是一种氨基酸，研究者认为它是一种抑制性神经递质，有可能平息焦虑。

新的治愈思路

到目前为止，抑郁症的医学干预，所依据的原理都是神经递质假说。此外，科学家也在探究其他治疗路径的可行性。

有研究显示，在抑郁症中，大脑中的海马起着重要作用。部分抑郁症患者的海马体积较小。一个课题组对 24 名有抑郁症病史的妇女跟踪研究，发现她们的海马体积平均比对照组小了 9%~13%。抑郁症发作最频繁的妇女，其海马面积明显偏小。研究显示，压力可以压抑海马区新神经元（神经细胞）的产生。可以推论，压力因素很可能是导致海马缩小的主要原因。

如果海马中新神经元缓滞和心境低下有着直接联系，这个推论将为抗抑郁药物研制指出方向。事实上，目前多种抗抑郁药物就是在这样的理论指导下研制出来的。

问题是，这类药物有一个共同缺点是：患者至少要服药数星期乃至更长时间才能见到疗效。这就带来一个问题：如果抑郁症是因为神经递质水平低导致，为什么神经递质水平迅速增加后，患者并没有立刻好转？

答案很可能是：抗抑郁药物在改善神经递质平衡的同时，还可以刺激和增强海马的神经细胞的分支生长，只是这个效果只能持续数星期。而心境的好转只能通过神经生长和新的神经连接才能显现。

因此，有一种理论提出，现有抗抑郁药物的功能，并非是调节大脑内神经递质的平衡，而是生产出新的神经元，增强神经细胞连接，改善神经网络的信息交换。

果真如此，在此思路下研制出专门促进神经元产生的药物，也许可以更快治愈抑郁症。

令人着迷的情绪

每个人都能感受到情绪的存在，但很难说清楚情绪到底是什么。每个人都想摆脱不良情绪，但大多数时候只能被情绪牵着走。情绪有哪些种类？情绪是如何产生的？情绪又是怎样影响自己的身心？如何能把握、控制乃至顺应自己的情绪？

情绪虽然无形，但却是实实在在的存在。

情绪是高等生物的重要中枢功能，是中枢对外界刺激的重要反应形式，同时也是中枢用以控制部分躯体功能和全部内脏功能的重要途径。

现代科学已经能够证明，情绪是一种特殊的人类意识，来自人的大脑。大脑有很多的沟回，就像群山的山谷；情绪、精神就像山谷里的泉水，汩汩流淌。

有一句话说，“情绪是沟通生理与心理的桥梁”，这是一个形象而生动的比喻。即身心一体，情绪是中介。情绪能够产生，是因为大脑中1000亿个神经细胞在辛勤地工作。它们是情绪背后的物质基础，创造出人类丰富多彩的精神世界。

先了解一下海马区的作用。

海马区是大脑边缘系统的一部分，地位极为重要，其主要机能是主管人类近期主要记忆。它有点像计算机的内存，将几周内或几个月内的记忆暂留，以便快速存取。海马区在记忆的过程中，充当转换站的功能。当大脑皮质中的神经元接收到各种感官信息时，会把信息传递给海马区。假如海马区有所反应，神经元就会开始形成持久的网络。如果没有通过这种认可的模式，那么脑部接收到的经验就自动消逝无踪。

神经科学家发现，控制情绪的半脑是右脑。杏仁核附着在海马的末端，呈杏仁状，是边缘系统的一部分，其功能是产生情绪，识别和调节情绪，控制学习和记忆。

大脑中有两个“杏仁核体”，它们是一些神经细胞束，位于大脑两侧，处在颞叶下面。它们好像一个协调不同来源信息的网络中心，收集环境信号，记录情感含义，在必要时启动恰当的反应。

研究发现，幼儿自闭症似乎也与杏仁核有关。一项关于磁刺激（TMS）的研究表明，在人类大脑皮层前半部分不活跃时，人们往往很难控制自己的情绪。

接下来分析几种主要的情绪。

恐　惧

恐惧是一种令人不快的情绪，但对人类生存来说是必需的。人类在童年时期，如果没有恐惧，就不可能战胜动物，繁衍至今。

大脑有一个恐惧中心。美国科学家做过一个实验：电击32名志愿者的双脚，同时扫描实验对象的大脑。结果表明，产生恐惧感的神经细胞与产生疼痛感的神经细胞位于大脑的相同区域。这个中心获取来自视丘下部的身体对环境的反应信息（例如心率和血压），并且与大脑前部的理性推理区域沟通，同时连接海马——大脑中一个重要的记忆中心。这个恐惧系统效率非常高，以至你根本还没有意识到发生什么事，大脑就已经做出反应了。

例如，开车的时候，有一辆车突然转向插入你的车道，你在还没明白过来前就会感到害怕。在你大脑的视觉部分“看到”危险场景之前，恐惧信号已经在你大脑的杏仁核和危机系统之间传递。

如果大脑杏仁核受伤，人或动物会丧失这类恐惧技能。这并非好事，对他们来说，世界会因此变得更加危险。应激反应是每一种生物能够在地球上生存的重要法宝。没有恐惧，人类早就灭绝了。情绪反应的自我平衡具有极其重要的作用。

恐惧还可能是一种基因。科学家通过功能成像学研究，发现人的大脑结构中扁桃形结构颞叶，在恐惧、焦虑和害怕中扮演着一个关键的角色。在扁桃形神经系统工作的过程中，一种名叫 stath-min 的蛋白质，也叫“癌蛋白 18”，会引起人们对恐惧的回忆。

科学家发现，人遇到蛇时会害怕，这种情绪在孩童时代就会有；随着时间的推移，一些经历会导致产生新的恐惧回忆，这些都和大脑中的扁桃形结构颞叶过度活跃有关。

如上所述，恐惧的回忆，往往和人类大脑的早期活动有关，都与一种叫 stath-min 的蛋白质有关。之前已有很多证据证明，恐惧的记忆与人类的这种基因具有紧密联系，但是科学家还未证实这种基因是否存在遗传性。

悲伤和喜悦

《美国精神病学月刊》曾发表了一项研究悲伤和大脑关系的报告。结论表明：悲伤引起大脑中 70 多个区域的活动变化，包括杏仁核和海马、前额皮层和前扣带皮层，还有脑岛（颞叶下面的一小块皮层区域）。

快乐也会引起大脑许多区域的反应。美国博士丹尼尔·李维丁所著《这就是你的大脑对音乐的反应》中提到，音乐会使大脑中的许多部位同时参与反应。听到音乐声和韵律时，视觉、感觉和运动区会起反应。音乐会勾起对过去经历的记忆和情感（杏仁核和海马起反应）。假如一首乐曲打动了你，可能是因为它激发了你大脑中的奖励反应区（阿肯伯氏核起反应）。

共　情

共情是指能设身处地从他人的角度，体会并理解他人的感觉、需要与情绪的一种人格特质。

共情能力需要大脑几个区域发挥其正常功能：大脑颞叶末端处理和记忆微妙的语言信号；颞叶和顶叶的连接部分负责记忆事件，做出道德判断并采取相应的身体行动；额叶前皮层处理共情感受中包含的许多复杂的推理。

爱　情

爱情也跟大脑许多部位的活动有关。与爱情深切相关的大脑部位包括脑岛、前扣带皮层、海马和阿肯伯氏核。换言之，这些部位介入了大脑中的情感、感知、记忆和奖励等活动。

科学证据表明，爱情果真是盲目的，因为浪漫的爱关闭了大脑中进行推理的部位和杏仁核。在激情燃烧的情况下，大脑的判断和恐惧中心也暂时停止工作。爱情还关闭掉“心智化”所需的大脑部位。

宗　教

研究结果显示，宗教情结可能是与生俱来的，即有其生物基础。

宗教信仰是一个很复杂的问题。它牵涉到社会、习俗、文化、政治等因素，也牵涉到认知和情绪，后者则是由大脑主宰的。

我们的大脑中存在着所谓的“信仰分子”——大脑神经传递中的血清素。血清素能产生多种错觉，如幻觉、感知错乱、感觉自己与周围世界融为一体，等等。血清素含量越高，人就越容易相信神灵的存在。

另外，电刺激大脑中的前颞叶，可能产生宗教上灵魂出窍或升华的超然存在感觉。有迷幻药亦会让人产生类似神圣的宗教感觉体验。

每个人都能感受到情绪的存在，但很难说清楚情绪到底是什么。每个人都想摆脱不良情绪，但大多数时候只能被情绪牵着走。

情绪如洪水，可疏不可堵

2000 年，我曾经就南水北调问题，采访过时任水利部部长汪恕诚。他对我谈起 1998 年大洪水过后中国防洪思路的转变。

他说，原来治水主要靠修堤筑坝，把洪水拦住，是一种“控”的思路。1998 年大洪水后，意识到洪水是大自然的随机事件，不是凭人力就能彻底战胜的。于是，新的治水思路从洪水控制向洪水管理转变，即认识到洪水不仅是灾害，在一定条件下也可能变成资源；要给洪水以出路，提高对洪水资源的利用能力，从而缓解水患。

汪恕诚这番话，当时让我耳目一新，多年后的今天，我仍然记得。

近日，在研究大脑和情绪的关系问题时，我突然悟到：情绪如洪水，可疏不可堵；对情绪，不是要控制、战胜，而是要把情绪视为一种资源，给情绪以出路，顺应情绪，利用情绪。

意志与情绪

什么是情绪？情绪是高等生物才拥有的主观认知经验。它既是一种心理状态，又是一种生理状态，和人的感觉、思想和行为综合相关。

情绪来自人的大脑，是一种特殊的人类意识。大脑中 1000 亿个神经细胞是情绪的物质基础，创造出人类丰富多彩的精神世界。

情绪多样而复杂。喜悦、快乐、热爱是积极情绪；焦虑、抑郁、悲哀、愤怒、紧张、恐惧是消极情绪。还有一些细腻、微妙、复杂的情绪，如嫉妒、惭愧、羞耻、沮丧、自豪、伤感等。

有的情绪是与生俱来的，几乎是人的本能，和原始人类的生存息息相关，比如恐惧。有的情绪是后天产生的，必须经过人与人之间的交流才能学会。

无论哪一种情绪，都会对人类的行为产生影响。每个人都希望能够拥有好情绪，赶走坏情绪。很多时候，人们希望用意志来控制情绪。他们认为：外在因素是自己没法控制的，比如天气影响航班起降，供需影响物价等；而情绪是一种内在、主观的因素，为什么不能控制？也许一般人不能控制，意志强大坚定的人不难控制吧？

其实不然。关键在于，情绪是建立在生理基础上的，它和视觉、听觉、语言、记忆一样，都是大脑某些脑区产生的功能。如果大脑功能失调，连人的意愿都会改变，遑论情绪。

什么是意志？《心理学大辞典》载：“意志是个体自觉地确定目的，并根据目的调节自身的行动，实现预定目标的心理过程。”由此可见，意志是人的意识能动性的集中表现，它对人的行为，包括外部动作和内部心理状态，有发动、坚持、制止、改变等方面的控制调节作用。

那么，为什么意志不可以指挥自己的情绪？很简单：意志不能改变情绪产生的大脑生理基础，即大脑的功能变化。意志与情绪出自不同的渠道，我们可以用意志指挥我们的行动、言语和思维，但不能任意指挥我们的情绪。

你能指挥自己停止悲伤吗？你能克制愤怒吗？有人说可以。其实，你克制的不是愤怒，而是克制了表达愤怒的表情、言语和举止。愤怒还在，而且因为被你克制、延搁和蓄积，而越发强化了。

再如，一个人因失眠而焦虑，他想克服焦虑，努力让自己睡着，结果适得其反；运动员在赛场上很紧张，他告诫自己不要紧张，结果越告诫越紧张，动作更加变形。

别以为你能命令你自己。

如何顺应情绪

在大多数时候，人类与情绪搏斗是徒劳而愚蠢的。情绪像洪水，一旦产生，就有了一股势能。越阻挡它，它越会蓄积起来，变成更大的能量。

所以，不要试图控制和消灭自己的不良情绪，而要顺应情绪，尊重情绪的自然规律。

日本心理学家森田（1874—1938），曾创立“森田疗法”，主要适用于强迫症、社交恐惧症、广泛性焦虑、惊恐发作等，其精髓是八个字：“顺其自然，为所当为。”森田还曾总结出情绪的五大规律：

1. 任何一种情绪，只要不对它追加新的刺激，经过一个过程后会自然衰减。“时间是最好的疗伤剂”，就是这个道理的体现。

2. 任何一种情绪，如果反复重现，人就会慢慢适应，情绪也会随之减弱、消退。譬如身处一个恶劣环境，刚开始情绪很糟糕，时间一长，习惯了环境，烦躁就会自然消减。“如入鲍鱼之肆，久而不闻其臭。”

3. 任何一种情绪，经过宣泄便可能衰减消退。譬如愤怒经过发泄，便能够平息一些。

4. 有些情绪，譬如对爱的渴望，如果得到满足就可能衰减消退。

5. 如果对情绪硬加干预，不断添加新刺激，反而会蓄积成更大的破坏力量。

森田的研究，贯穿一个基本精神：顺应情绪的自然规律。或听任其随时间流逝，或任其反复出现而麻木，或宣泄它，或满足它。相反，如果和情绪对着干，试图战胜它，就会产生更大的情绪。

比如，你在竞争中失败，已经很痛苦、焦虑。你对自己的状态不满，试图克服而不得，不但痛苦没减轻，还为自己的软弱无能增加了新的苦恼。

回到本文的标题：情绪如洪水，可疏不可堵。顺其自然，因势利导，就可以指引我们走出负面情绪的泥潭。

如何管理自己的情绪

身体健康和精神健康

人的健康分两种，身体健康和精神健康。一般人平常都只关注身体健康，只有在失去精神健康后，才体会到精神健康更加重要。甚至可以说，没有精神健康就没有身体健康。精神卫生是全球性重大公共卫生问题。

世界卫生组织（WHO）公布过一组数据：全球大约 14% 的疾病可归因为神经精神障碍，约有 10 亿人正在经历心理、神经、精神疾病的影响。在世卫组织 2020 年疾病总负担预测值中，精神卫生问题排名第一。在中国，有精神障碍的人超过 1 亿人。

WHO 发布的十条健康指标中，前四条都与精神卫生有关。

1. 有足够充沛的精力，能应付日常生活和工作的压力，而不感到过分紧张；

2. 处事乐观，态度积极，敢于承担责任，事无巨细不挑剔；

3. 善于休息，睡眠良好；

4. 应变能力强，能适应环境的各种变化。

相应的，心理不健康，会有以下表现，且呈现逐渐发展的态势：

1. 经常处于内心冲突中，体验到各种不良情绪（如厌烦、后悔、懊丧、自责等），且不良情绪持续一个月以上，还不能自行化解。

2. 因为不良情绪存在，影响人际交往，工作效率下降。

3. 不良情绪继续发展，出现多疑、焦虑、抑郁、强迫、迫害妄想等现象，严重失眠，社会功能下降，大脑功能下降。

4. 这些不良心理现象，发展为病症，表现为抑郁症、焦虑症、强迫症、双相情感障碍、精神分裂症等。

前两者，如果患者能够及时发现，也许可以通过转变环境，减少压力，调节情绪，遏制向更糟糕的状态下滑，逐渐恢复精神健康。

培养好的情绪

在自我调节中，最重要的是管理自己的情绪。

什么叫情绪？情绪是大脑心理活动的外在表现，与机体生理功能密切相关。情绪是连接心理与生理的桥梁，好的情绪会让内分泌活动良好，免疫力强大，植物神经平衡，机体代谢旺盛；坏的情绪会导致植物神经功能紊乱，内分泌活动失调，免疫力下降，从而产生高血压、高血脂、动脉硬化、心律失常、冠心病、中风等病，乃至形成癌肿。

简单地说，你觉得心情愉快，积极乐观，能应对压力，乐于助人，食欲良好，睡眠良好，这情绪就是正面的。反之，就是负面情绪。

总之，威胁现代人健康和寿命的，已从细菌、病毒、理化、生物等外在因素，变成紧张、焦虑、急躁等内在的情志失常和心理冲突。修身养性，学会自我调控情绪，越来越成为养生的重要手段。

除了正确对待生活和工作上的困难及挫折，还要学会运用心理学的知识，去解脱自己，战胜挫折，快速恢复一时失常的心理平衡。

具体怎么办？结合自身治疗以及心理建设的经验，我提出以下建议：

第一，一定要挤出时间来锻炼身体。

情绪不是一个封闭系统，身心一体，管理好身体是管理好情绪的前提。

适度的户外运动是预防抑郁症的天然药物。体育锻炼可以促进脑内有益化学物质比如内啡肽的分泌，这种物质可以使人心情振奋，精神愉悦。其他研究也发现，锻炼可以改善诸如惊恐障碍、心理创伤和其他焦虑性心理问题。

体育锻炼还能改进自我形象，得到团体成员的帮助，分散对日常忧虑的过分关注，提升处理问题的自信心。这些都有利于改善情绪。

第二，密切观测睡眠，努力保证足够睡眠。

失眠是抑郁症最常见的预测性因素，长期失眠者发生抑郁症的风险很高。科学研究表明，如果长期睡眠不足，智商会下降 10% 到 15%，等于从正常人变成轻度智障。尽量不熬夜，只要有条件，努力保证健康高质量的睡眠。

第三，科学管理日常事务。

面对纷繁复杂的日常事务，要学会分类，确定轻重缓急。天下只有四种事：紧急且重要的；紧急但不重要的；重要但不紧急的；不重要也不紧急的。很多事，走一步看一步，先走好眼前这一步。下一步的事，下一步再说。不必太未雨绸缪，不要用无谓的事情占用有限的大脑内存。

第四，学会释放压力、调节情绪。

每个人对压力的适应能力不一样。要学会自我调节，疏解内心压力，释放情绪，建立自己的心理调节方式，比如唱歌、聚会、做义工等。无论什么样的方法，只要适合自己，都能在一定程度上有助于精神健康。

第五，学会取舍，学会放下。

人生就是不断地放弃。有些事情，是注定不可能做好的，我们无法控制，也无法影响。对这类事，想亦无益，不想最好。乐天知命，等候命运的决定。

对于不可挽回的事情，要坚持隔离式思考。一码归一码，不要将不相关的事情混同考虑，免得满盘皆输。

有一个潜水艇理论：潜水艇分成相通但相互隔离的多个船舱，一个舱进水了，就把它封闭起来，潜水艇还能航行。这个损失是可以承受的，不要因为一个舱进水，就惊慌失措，影响大局。

在日常生活中，遇到一个大的麻烦，确实解决不了，就在大脑中把它封闭起来，暂且搁置。只要不影响大局，让时间来解决这个问题。

第六，寻找精神寄托。

当人们面对无法解决的困境时，信仰可以令其坚定。面对涌苦绝境，有信仰的人能够承受更多。从心理学的角度看，宗教之所以产生，就是因为人们的脆弱，承受力有限，需要寻找强大的精神寄托。

总结一下培养好情绪的方法：适度锻炼，足够睡眠，科学管理，自我放松，学会放下，寻找寄托。

情绪是连接生理和心理的桥梁。情绪如洪水，可疏不可堵。不要试图控制和消灭自己的不良情绪，要顺应其自然规律，或听任其随时间流淌，或任其反复出现而麻木，或宣泄它，或满足它。

调整认知，重建心灵

我们已经知道，治疗抑郁症必须药物疗法和心理疗法双管齐下。相较于药物疗法，心理疗法更加复杂，门派众多。如行为疗法、森田疗法、暴露疗法、精神分析、系统脱敏、放松训练，等等。

认知疗法是当前全球范围内应用最广泛的心理治疗理论学派之一。最早在 20 世纪 50 年代，美国临床心理学家 Albert Ellis 创立合理情绪疗法；此后，Aaron Beck 于 1960 年又创立了认知疗法。

思维决定情绪，情绪源于想法

所谓认知，就是人们看待世界的方式；更深层次则是一个人的心态和信念。认知疗法的理论基础，概括起来就是一句话：思维决定情绪，情绪源于想法。即任何一种情绪，都是外界环境刺激、机体的生理变化和人体对外界刺激的反应三者相互作用的结果，而认知过程又起着决定性的作用。

人所有的情绪都来源于认知和思维。情绪紧跟思维，亦步亦趋。有什么样的认知，就会有什么样的情绪。当情绪消沉时，思维会被无法摆脱的消极感所笼罩。如果消极思维根深蒂固，形成条件反射，则成为惯性思维。认知、感受和行为将相互作用，形成一个不断循环的闭合环。

认知疗法的实质，就是学会用健康的思维方式替代不健康的思维方式。让你分清楚，你的痛苦感受哪些来自事实，哪些是由于思维误判所致。也就是说，你的感受很可能不是真实的，而是你的扭曲、不合逻辑、不切实际的思维造成的。

以上是原理层面。如果从操作层面下定义，认知疗法就是通过修正个体的认知评价和思维模式，来缓解不良情绪和行为。这是一种需要患者积极参与的干预模式，用以指导患者学会识别、监控和消除与当前刺激相关的错误想法、信念和自我解释，提供新的更具有适应性的“认知——行为”模式。最终目标是让患者成为自己的治疗师。

改变心态

一个人对事物的认知，到底会对自己产生多大影响？答案是：大到你无法想象。不论你采取何种认知，它都在潜移默化地影响着你和你的生活。

几乎所有抑郁症患者都认为：他是全世界最倒霉、最无力的人；他正陷入某些棘手可怕的问题而无力自拔；他的消极情绪是合理必然的，也是不可避免的。

其实，大约在两千年以前，希腊哲学家埃皮克提图就说过：人的烦恼并非来源于实际问题，而是来源于看待问题的方式。你可能觉得不快乐，也许你还能为自己的不快乐找到具体原因：家庭不幸福、童年缺乏爱、生活环境混乱、贫困……

这些想法肯定会有一些真实的成分，毕竟世界是不可能美满的，人生总是会遇到各种挫折，甚至面临毁灭性的灾难。人的基因、童年痛苦经历也确实会影响思维和情绪，外界环境、冷酷的人际关系也确实会搅乱人们的思绪——但这一切并非主要原因。

认知决定情绪，而情绪决定情感。脑科学的研究成果还表明，情感能激起右脑的兴奋，认知能激起左脑的兴奋。情感对人的认识和活动具有动力作用。积极的情感是人们认识和活动的内驱力，而消极的情感却是阻力。

鉴于以上认识，认知疗法旨在帮助我们改变心态，甚至还可以改变自己基本的价值观和信念。不仅情绪会得到调整，你的视野还会更开阔，甚至工作起来更有动力。它带给你的变化是巨大而持久的。

美国内华达大学戴维·安东努乔博士、威廉·丹顿博士和克里夫兰医疗中心的古兰德·德内尔斯凯博士，多年来一直围绕认知疗法进行研究。他们曾合著一篇文章，标题是《抑郁症治疗的心理疗法和药物疗法对比：挑战传统观念，用事实说话》。文章运用他们长期跟踪获得的数据，得出了一些和传统观念截然不同的结论：抑郁症病因中，遗传影响只占 16%；新型心理疗法——尤其是认知疗法——的疗效并不比药物疗法差，而且对某些患者来说，它的效果似乎更好；采用心理疗法治疗的抑郁症患者在康复之后更容易保持疗效，复发率比采用纯药物治疗的患者低得多；心理疗法不仅可以治疗轻微的抑郁症，还可以治疗严重的抑郁症。

这些结论虽尚不能完全被验证，但仍可鼓舞人心。毕竟靠药物来改变大脑内化学元素的失衡，是在使用一种破坏性的力量，而认知疗法让人们看到了一种靠内在力量治愈的可能性。

现代医学已经能够大致看出，抑郁症可能是大脑化学物质失衡所引起的。最近有研究表明，认知疗法也许真的可以改变大脑化学物质。美国一些科学家最近用正电子发射计算机断层扫描仪，观察两组患者大脑的新陈代谢情况在治疗前后是否有任何变化。这两组患者一组只接受认知疗法（不服药），另一组则只接受抗抑郁药物治疗（不接受心理疗法）。

实验的结果是：药物治疗组中的患者在好转后，研究人员发现他们大脑的化学物质产生了变化。这是意料之中的。让人惊喜的是，认知疗法组中的患者在成功康复后，他们大脑的化学物质也产生了变化，且和药物治疗组没有明显区别。这个实验让研究者相信，认知疗法可能真的可以改变人脑的化学物质和结构，从而治愈患者。

如何调整认知

认知疗法的主要代表人物贝克（A. T. Beck），系统介绍过认知疗法的原理和方法。他认为，个体的认知结构由浅入深依次分为：自动思维（某种情境诱发的大脑中迅速涌现出的想法）；认知歪曲（包括任意推断、选择性概括、过分概括化、全或无等）；功能失调性假设（个体对于事情所持有的态度、信念或者行为准则）；图式（早年发展中获得的相对持久的稳定的认知结构）。

贝克认为，情感障碍的发生与病人早年经验形成的图式有着密切联系，它存在于病人潜意识中，不易被察觉。一旦有某种不良生活事件发生，大脑中便会涌现大量负性自动思维，上升到意识层面，从而导致不良情绪和行为的发生。

据此，贝克认为，对抑郁症病人的认知行为治疗，主要应聚焦于导致抑郁的消极思维，从而修正不同水平上的认知评价，发展意识层面的理性思维，并强化积极行为模式，改善不良适应性行为。这样，认知、行为、情绪、生理四个层面形成良性互动，使得情绪和行为模式向积极和理性层面螺旋上升，达到治疗目的。

落实到具体操作步骤上，第一步是认识自我。可指导来访者自我监测自己的日常活动，量化评估自己的愉悦感和成就感，然后制订循序渐进的任务计划，活化其退缩行为。研究发现，这些行为活化策略对缓解抑郁非常有效，并且给患者创造了识别与修正负性认知的机会。

第二步是观照内心。抑郁的产生与个体近期的应激生活事件密切相关，治疗师应该与患者通过讨论、评估和识别，发现来访者的错误应对策略。在此基础上，指导患者如何用积极方式表达和宣泄负面情绪，重新思考、计划和审视，建立积极的应对模式。

第三步是学会解决问题的技能。抑郁症患者往往缺乏充足的技能，用一种僵化的模式来解决问题，因此需要通过利弊分析、成本效益分析等方法，提高患者的适应性，探寻解决问题的最佳办法。

抑郁症患者总会有很多人际关系问题需要处理。通过行为技术的有效干预，有助于提高其基本的社会技能，增加人际之间的社会支持和亲密感体验，降低社会退缩的倾向。

总之，认知行为治疗的重要部分是识别负性自动思维，挑战认知歪曲，发展新的积极思维模式，进行认知重建，提高病人对情感反应的自我控制。

近 30 年来，国内外对抑郁症认知行为治疗进行了大量临床实践及实证研究，发现认知疗法对抑郁症轻中度患者的疗效与抗抑郁药疗效基本等同，且复发率较低。有报道称，认知治疗的疗效可以维持 8 年到 14 年。目前西方国家制定的抑郁症临床治疗指南，已将其列为一线治疗方法。

当然，认知疗法又是一个个性很强的疗法，需要治疗师和患者形成“一对一”治疗方案，很难制定标准化模式，也难以预料治疗何时见效、何时可以结束。目前，心理学对认知治疗发生作用的机制，认识依然有限。这些都是需要在未来进一步探究的。

认识决定情绪，而情绪决定情感。情感对人的认识和活动具有动力作用。积极的情感是人们认识和活动的内驱力，而消极的情感却是阻力。

病愈后如何重返社会

心中的疤痕

20世纪60年代，美国心理学家曾经做过一个实验：征集10位志愿者，告诉他们，该实验旨在观察人们对身体有缺陷的陌生人的反应，尤其是面部有疤痕的人。

化妆师首先在每位志愿者脸上画了一道血肉模糊的伤口，并用镜子让他们看到可怕的自己。随后，心理学家收走了镜子。

过了一会儿，心理学家又说，为了让伤口更逼真，需要再涂抹一些粉末。事实上，化妆师没再涂抹任何粉末，而是用湿棉纱把假伤口彻底擦干净了。

不知情的志愿者们被派到各个公共场合，回来后，他们向心理学家陈述了各自的经历。他们的感受出奇地一致：陌生人对他们惊讶、厌恶，缺乏善意，总是很无礼地盯着他们的脸。

这个实验的结果甚至让心理学家也很震惊　人们关于自身的错误认识，竟然如此深刻地影响他们的感知。他们的脸上本没有疤痕，只因将“疤痕”刻在心里，才会感受到外界异样的眼光。

换句话说，所谓外界的眼光，只是你内心的投射。

这个心理实验对于抑郁症患者应该是有启发的。许多患者病愈后重返社会，最担心的问题是：人们将如何看待自己？是好奇、同情、怜悯，还是歧视？

都不是。事实上，每个人都有自己的生活，没有人那么重视你。你所理解的别人的态度，其实是你对自己的态度。如一句西谚：“别人是以你看待自己的方式看待你。”

如果你为此忐忑惶恐，需要改变的是你的内心。在这个世界上，只有你自己，才能决定别人看你的目光。

打消病耻感

接下来，我以自己为例，说明如何战胜内心的畏惧。

这种畏惧确实曾经存在。记得病中，同事带我去看某大型医院一位著名神经内科医生。这位和蔼的女士在家中接待了我。她向我讲解了一些知识，嘱咐我尽快好起来。“别拖久了，拖久了不好，”她犹豫了一下，“怕吓着你……病在身上，总得找一个出口，搞不好会转成癌症……”

后来，又谈到康复问题："抑郁症患者有一种'病耻感'，害怕和人接触；越怕和人接触，病越好不了，恶性循环。重返社会很难。"

不过，事实证明，病愈后重返社会没这么艰难。

2012 年 7 月 19 日，我用药见效后第三天，向胡舒立（财新传媒创办人，本书序作者）报喜。7 月 25 日上午，舒立即安排我去办公室上班。尽管犹豫、忐忑，我还是一咬牙，迈出了重返工作岗位的第一步。

这是重要的一步。坐在久违了 5 个半月的座位上，看着办公桌干净、整洁，一如旧日；同事们看到我，简单问好，并无特别的关注。

午饭时，我把病中的经历和感受说了一遍。王烁（财新传媒主编）饶有兴味地听完，说："你应该写篇文章，标题叫《地狱归来》。"

当晚，我想起王烁的话，信笔一试。尽管 5 个多月没写东西了，我高兴地发现，思维功能并未受损，甚至更好。

这篇文章于 8 月 28 日正式发表，它对于我重返社会起了重要的作用。通过它，我告诉朋友和同事，为什么我消失了数月。从此，大家不必再有好奇和猜疑；我也不必再费口舌解释。

我知道，很多患者特别忌讳提自己得过抑郁症。他自己讳莫如深，同事、朋友们在他面前也只能小心翼翼，假装不知道。演戏太累，给自己、给他人都无端增加了很多压力，何苦？

没什么不好意思的。首先，这不丢人；其次，即使丢人，大家忙于生计，谁顾得上你？即使有几个闲人盯着你，他们的兴趣又能持续几天？

不能撤除之手

最重要的，不是别人的眼光，而是自己如何长期保持身体状态的平稳。

抑郁症痊愈是一个漫长的过程，千万不要以为大脑解除了抑制就万事大吉。未来的路还很长，药物治疗只能把你从陷阱底部捞上来，接下来会怎么样，就看你自己了。

首先，坚持吃药。一般来说，药物见效后，还要进行维持治疗。

世界卫生组织推荐的最短疗程是半年。我认为，为了保险起见，轻度抑郁最好维持治疗 6 个月以上；中度抑郁 9 个月以上；重度抑郁 15 个月以上。

很多人认为，抗抑郁药吃多了会上瘾，这是一个误解。药物研究证明，抗抑郁药没有成瘾性。要长时间服用，是因为保持大脑中神经递质的浓度，暂时离不开抗抑郁药物。

抑郁症复发率很高，复发后治疗将更为困难。发作一次的患者，复发率大约为 50%；发作两次，复发率大约为 75%；三次发作，复发率几乎是 100%。

我多次对病友打过一个比方：就像一个人，本来能直立行走，患了病，站不直了，要往后倒；这时，需要有一只手（药物），撑住他的后背，让他能够站直并继续往前走；这只手不能轻易撤，要等他恢复了自然直立和行走的功能后，再慢慢地、一点点地撤除。一旦发现他有些摇晃，就要立刻再次撑住，不然前功尽弃。

我知道很多患者，就是因为急不可待地停药，导致复发。尤其是一些女患友，明知停药的后果，为了生孩子，铤而走险，铸成大错，悔之何及！

锻炼是一种生活方式

和坚持服药几乎具有同等作用的，是坚持锻炼。

体育锻炼对缓解抑郁、焦虑和其他慢性心理障碍有很好的效果。2005 年，美国哈佛大学曾经专门研究过这个课题。它们发现，经过 3 个月的严格体育锻炼，患者的抑郁症状有明显改善，与接受抗抑郁药物治疗的效果相似。对中学生的研究也发现，参加体育锻炼多的同学，抑郁症状相对较少。

其他研究也发现：锻炼可以改善诸如惊恐障碍、心理创伤和其他焦虑性心理问题。

研究者推测，体育锻炼可以促进脑内化学物质如“内啡肽”的分泌。这种物质可以使人心情振奋、精神愉悦。

体育锻炼还能改进自我形象，得到团体成员的帮助，分散对日常忧虑的过分关注，提升对所遇问题处理的自信心。这些都有利于情绪的改善。

锻炼的好处实在太多，无须多言。这里我想介绍一点儿心得：为了便于坚持，千万不要把锻炼变成一个苦差，对其望而生畏。

不必太约束自己每天一定要锻炼多少时间、每次锻炼一定要出汗，等等。要求太高，就坚持不下来。轻松点，随意点，选择一些简便易行的方式，比如快走，随时随地可以进行。哪怕每次只能锻炼短短 10 分钟时间，日积月累，必有所成。当慢慢形成习惯，锻炼成为你生活的一个组成部分，就不需要“坚持”了。

重建心灵

记不清何时何地，我读过一句话，大意是说：一种病痛，本身就包含着治愈的力量。这句话给过我很大的启发，它是对抑郁症康复之路的生动写照。

到目前为止，治疗抑郁症，药物是首选方式。但也要客观承认，药物治疗有很多局限性：其一，只治标不治本；其二，有副作用；其三，需要长期维持治疗；其四，存在治疗无效的可能。

因此，药物治疗并非理想的治疗方式，尽管其作用是决定性的，但是自己的努力不可或缺。一个患者痊愈的程度，决定于他在多大程度上能够遵从内心，重建自己的生活。

我看过一个抑郁症电视专题片，其中有一段说：抑郁症也是有积极意义的，它能让你在人生中的某一阶段，停下快速前进的脚步，盘点一下人生，以便将来活得更好些。

今日看来，这个说法是有道理的。病程中，一个人会暂时失去很多社会功能，但大脑从未停止思考。既已陷入人生最低谷，就没有必要粉饰和虚夸，而可以直面内心，用手术刀解剖过去，梳理人生的成败得失。当再没有什么可以失去的时候，转机就将到来。

一个正常的精神世界，应该有属于自己的价值体系和精神建构，有包容异见的气度；能获得良好的社会支持系统，又能独立地担当，不到万不得已不违背自己的良知；同时，还能够看清人世间的纷繁喧扰，以真诚驾驶着热情，又以泰然超越了焦虑，敢于在自己的生活中选择、放弃和承担一些东西。

假如能做到，就会无所畏惧；曾经承受的一切，就不会白费。与抑郁症的遭遇，将成为你重塑人生的契机。

每个人都有自己的生活，你所理解的别人的态度，其实是你对自己的态度。在这个世界上，只有你自己，才能决定别人看你的目光。

心理咨询是怎么一回事儿

近日，我就心理咨询问题求教于一位业内朋友。心理学博大精深，我研习多日，只是一知半解，不得其门而入。幸友人不弃，诲我不倦，令我茅塞顿开。今录在兹，作为个人求知道路上的一个坐标，抑或可对其他有兴趣的朋友有所助益。

心理治疗“对人不对病”

精神疾病患者的症状，好比海面上的大风大浪，原因是海底有火山在爆发。医学干预只是抚平海面上的风浪，心理干预则是要找到海底的火山口，彻底解决问题。

你是心理咨询师，但我首先想问问你对西医治疗精神疾病的看法。我知道有一些心理咨询师是反对用药的，认为药物治标不治本、有副作用，等等。你怎么看?

我不排斥药物干预这条路。我也不认为心理治疗可以包打天下。比如遇到精神分裂症病人来咨询，我是要转诊的；中度以上的抑郁症患者，我也嘱咐他要配合用药。从心理治疗到药物治疗，从社区医院到专科医院，应是协同的系统。不同的患者，在不同的阶段，可以用不同的治疗方式，甚至可以组合治疗。这才是科学的态度。

我经常做这样一个比喻：疾病发作的时候，患者的种种症状好比海面上的大风大浪；风浪的根源，则是海底下有火山在爆发。医学干预只是抚平海面上的风浪，至于海底下火山爆发，它管不了。心理干预，则是要找到海底的火山口，从根本上解决问题。

如此说，西医治疗精神疾病，治好了，只是临床治愈，把症状消除。当然这也非常重要。如果海面上波涛太汹涌，你就没法进到海底。所以先要用药物干预，等波涛小一点儿，心理治疗才能入手。

我不希望把药物治疗和心理治疗对立起来。对于精神疾病患者来说，用什么方法治疗不重要，重要的是人好起来。

西医治疗精神疾病，依据的原理是：精神疾病大多是大脑内神经递质失衡所致，医学干预就是用药物来调节大脑内的化学平

衡。我想问，精神疾病心理干预的机理是什么？心理学承认大脑疾病的生理基础是神经递质失衡吗？

药物干预和心理干预属于两个体系，两条路完全不同，不应该简单地用这一种去套另一种。两者的科学机理也是完全不一样的。

西医的神经递质理论，我可以接受。但我感觉，西医针对的是病；而心理治疗针对的是这个人。在症状之外，还有一个轴是人格，是人格成长。心理治疗是两者兼顾的。

西医治疗的原理，现在基本明确了，至少有了一个方向。但心理治疗的原理，比较复杂，说不清。有时候就是一种感觉。可能需要自己积累。积累到一定程度，看一眼就知道是怎么回事儿。

举一个例子。我曾接待过一个病人，是抑郁状态。但是让她来咨询的痛点，是纠结于不知道未来的路怎么走。整天纠结着，有点儿像强迫思维。

因此，咨询的时候，我跟着她谈，就谈不下去。看到她第一眼，我就产生一个感觉，觉得她很干。20 来岁的姑娘，按道理正水灵着呢，可是她那么干枯，活力在流失。我意识到她可能会有抑郁的问题，就反馈给她："你好像水分在流失。"听到我这句话，她流泪了，本来凝固的情绪开始流动了。

抑郁症患者如果情绪动起来了，就已经在好转。但这是怎么发生的，我说不清。我只是跟她建立了一个关系。

她是不是觉得，你说中了她的心思，于是你们产生交流，就可以进行下去了？

起码我们不会在那些强迫思维上转了。那些纠结无意义，是她在抑郁状态下的表现。如果她的抑郁解决了，纠结的具体问题自然好办。只在思维这个层面跟她解释没有用。

如何积累直觉

心理治疗很重要的一步，就是你能不能和来访者建立良好的关系。

说到这儿，我想起艾瑞克森的一段往事。作为心理治疗大师，艾瑞克森被誉为“20世纪最伟大的沟通者”，他的治疗中很大一部分努力，都花在和患者建立沟通上。

曾经有个病人，住院多年，不和任何人说话，没有人能够知道他在想什么。一天，病人在院子里待着，艾瑞克森走到他面前，突然把他的衣服脱下来，翻过来重新给他穿上；然后，把自己的衣服也脱下来，翻过来穿上。这一瞬间，病人对他露出从未有过的笑容。然后，艾瑞克森拍拍他的肩膀说：“现在，把你的事情告诉我吧。”从此，这个病人开始和他说话。至于治疗，则是后来的事情了。

这是典型的沟通问题。你知道，认知疗法的媒介是语言。对语言能力发展后才形成创伤的人，认知疗法是有用的。但是对在语言前期，即不会说话的时候就受到创伤的人，只能用非语言的方式来治疗。

我理解艾瑞克森的这个病人，应该是在语言前期受过创伤，因此你和他说什么都没有用。艾瑞克森后来和他同频了，才能建立沟通。

那艾瑞克森为什么用反穿衣服的方式来同频呢？反穿衣服象征着什么？

这个不知道。可能因为他的特殊经历，他会有一些特殊的天赋。这就是我刚才讲的，可能就是一个感觉、直觉。心理治疗很重要的一步，就是你能不能和患者连接上。

心理治疗很多时候只是靠主观感受。它不像生理问题那么清晰。

如果这样，是不是你们平常在工作中也充满了困惑？比如，你在这一步，并不确切地知道下一步该怎么走？对于能不能治好患者心里并没有把握？

当然，心理治疗没有标准答案。我们也不是神仙。

不过，我有一个同事说，心理咨询师应该像一个不倒翁。在治疗的时候，两个人都倒了，是不行的。至少，咨询师可以让来访者看到，即使治疗无效，咨询师还能站起来。这本身也有治疗作用。在同样恶劣、不舒服的状态下，他发现你还活着，就知道自己也能活着。这是一个无言的支持。

你发现你不是孤独的，还有人跟你在一起，这本身就是治疗。

你刚才提到的感觉、直觉，可以学习吗？

我们每天都在学习，从大量个案中总结提高。至于直觉，我觉得每个人都能有，只是平时没有开发它。学习、体验、观察，慢慢你就会形成感觉。

再说具体些。心理学有一个名词叫“具身认知”（Embodied cognition），简单地说，是指生理体验与心理状态之间有着强烈的联系，生理体验可以“激活”心理感觉。反之亦然。

我曾经接待过一个抑郁来访者。她是被人强行带来的，情绪很抵触，不肯说话。我首先想和她建立关系。在这个过程中，我感觉到我的胸口又热又堵，像火一样烧。这就叫具身。我明白了她有不想表达的东西。这时候和她说啥都没用，因为她的情绪通道都被堵死了。

这可以用科学来说明吗？

最初我也觉得很诧异、震惊，因为这违背了我们的教育背景。但是随着训练、个案的增多，我这方面的感觉越来越清晰。其实我们都有这个能力，只不过自己没有注意，缺乏训练，慢慢湮没了。

后来怎么样了？

我对她说："你的情绪在我胸口体现出来了。"她说："是的，我堵得慌，什么都不想说。"从这时，我俩才开始建立了关系。

我说："那你就回去，把你的怒火宣泄掉，咱们再说别的。"我建议她去找到让她愤怒的人，把该说的话说出来。她按我说的去做，后来有了比较明显的好转。我再和她谈话，就能够进行下去了。

童年创伤和感情缺失

一个人的童年创伤，被一层层防御所覆盖，最后终于被击穿，表现为心理障碍。

说到这儿，我还是想问：心理学认可大脑疾病的生理基础吗？比如你刚才说的，一个人的童年创伤，被一层层防御所覆盖，最后终于被击穿，表现为心理障碍。这时，他的大脑是否会有生理改变？也就是说，他表现出的心理障碍，是否会有生理基础？

两者并不矛盾。心理学绝不否定社会基础、生理基础。一个人病了，内在外在的因素都会有。

我再举个比较典型的例子，一个双相障碍个案。他病发时会打他妈妈，吃了多年的药。他的家族里，也有好几个人抑郁。慢慢随着咨询深入，我发现，遗传当然是一个解释；但这个家族，从祖辈开始，就没有爱的能力，给不了下一代感情的东西。这些孩子就各自发展出一些护身的本领；再到下一代，有吸毒的，还有其他各自的补偿方式；再到第三代，就有抑郁、强迫的问题，等等。我觉得这个家族是缺少温情的，没有爱的能力。

你的意思是，在这个案例中，作为物质基础的基因只是表象，实质是感情的缺失？

或者是教养方式吧。

我还遇到过一个恐惧症个案。他到现在也没结婚。他的症状是不能见血，地上有个黑点，他就觉得是血，会很恐惧。后来我慢慢发现，他说起来好像有点儿强迫，其实是在往妄想的方向发展。他一方面表现得很规矩、认真；另一方面又很想潇洒、风流。他平常把这一方面全压下去，但当进入亲密关系时，焦虑、恐惧都表现出来了。他的家族中，表弟表妹的婚姻情感都有麻烦。他们小时候都是跟着祖辈长大的，这之中可能有教养方式的问题。

刚才你反复说到“创伤”。是不是说，心理疾患可以理解为小时候精神创伤在成年后的显性化？

大致可以。其实我们每个人都会有创伤，或大或小。还有一些微创伤。有的孩子天性相对敏感，再加上父母回应不到位，日积月累，对于别的孩子不是什么事，对于他就可能形成大的问题。

心理治疗是系统工程

很多孩子抑郁也好、双相也好，其实是家庭问题在他身上的反映。这时候家庭疗法可能会有效果。如果父母不参与，孩子很难真正好起来。

心理学门派众多，你属于精神分析这一派？

也可以这么理解。精神分析笼统地说，是在潜意识层面工作。这更多是用隐喻的方式来解决问题。比如抑郁症，其隐喻是不断攻击自己，所以极端时会有自杀问题。隐喻被破解后，即意识化后，或表达出愤怒后，他就会有所好转。

心理学还有哪些门派？

一般的心理治疗，主要有认知疗法、行为疗法、家庭治疗、精神分析等。

什么叫家庭治疗？

家庭治疗是以家庭为对象来实施的团体心理治疗模式，其目标是协助家庭消除异常、病态情况。家庭治疗认为，个人的改变有赖于家庭整体的改变。家庭治疗不着重于家庭成员个人的内在心理构造与状态分析，而将焦点放在家庭成员的互动与关系上，从家庭系统角度去解释个人的行为与问题。

举个例子。我曾经做过一次家庭雕塑疗法。案主的后背有很严重的病变，但他自己也说不清是怎么回事儿。我给他做家庭雕塑的时候，找了 6 个人，扮演他家里的 6 口人。这 6 个人并不知道他家庭内部的关系是什么样的，只能跟着感觉走。这时扮演他哥哥的那个人，忽然觉得后背特别难受。这个感觉是完全说不清楚的，比精神分析更说不清。的确案主就是后背出了问题。

还有一次，我的一个朋友的孩子，在美国得了双相情感障碍。因为离得太远，我建议他在当地找一个治疗师。他就找了一个家庭治疗师。那个家庭治疗师见他第一面就说，你们家是不是有人出轨了？确实如此，家庭是一个系统，只是症状表现在了孩子身上。

家庭治疗就是把家庭当作一个整体，来发现其中成员的创伤？

差不多。很多孩子抑郁也好、双相也好，其实是家庭问题在他身上的反映。这时候家庭疗法可能会有效果。如果父母不参与，孩子很难真正好起来。

潜意识和催眠

诱导来访者进入潜意识状态，把医生的言语或动作整合进患者的思维和情感，推动人潜在的能力，从而产生治疗效果。

我知道心理分析门派中，还有催眠疗法。这比较神秘，讲一讲好吗？

催眠疗法是指借助暗示性语言，诱导来访者进入一种特殊的潜意识状态，把医生的言语或动作整合进患者的思维和情感，推动人潜在的能力，从而产生治疗效果。

催眠的方法可分为直接法和间接法。直接法就是通过简短的言语或轻柔的抚摩，使对方进入类似睡眠的状态；间接法借助于光亮的小物体或单调低沉的声源，让患者凝视、倾听，或以“催眠物”接触头或四肢，而施治者则在一旁反复暗示患者进入催眠状态。

此时，可根据患者的病症，用正面而又肯定的语言向他明确指出，有关症状将消失；或进行精神分析，找出其致病的心理根源。治疗后，再及时唤醒患者或暗示患者逐渐醒来。

潜意识怎样影响一个人的精神状态？

潜意识是指人类心理活动中，不能认知或没有认知到的部分，是人们已经发生但并未达到意识状态的心理活动过程。

潜意识虽然无法觉察，但它影响意识体验的方式却是最基本的。人在幼年时会被动地获得一些观念，并不自觉地将这种观念内化到自己的“系统”之中。弗洛伊德说：“一个儿童如何认知、如何面对世界，以及一些在成人看来微不足道的小事，将深刻地影响儿童的发展，并可能在以后形成精神病的症状。”如果在儿童周围有不良影响，它就会潜移默化地潜藏在儿童的心灵深处，引导他的处世态度和方法。

一个人在幼年期是没有这种分析能力的，催眠则可借助潜意识状态，找到不良心理问题的源头，使本人意识到自身存在的非理性或潜意识深处的观念，并用成年以后获得的经验和分析能力，对这种观念做出判断，从而达到纠正的目的。

被催眠者是睡着了吗?

不是，催眠不是睡着。被催眠者非常清醒，甚至比平常更清醒。催眠只是让被催眠者进入潜意识状态，这样才可以根据具体情况进行治疗。刚才我们提到的艾瑞克森，经常让患者睁着眼睛接受催眠。

狭义的催眠不是睡眠。催眠分浅、中、深度，会有两个状态：一是潜意识打开，但意识是清醒的，只是浅、中度；二是意识不太清醒，这就是深度催眠。一般我们咨询用浅到中度就可以了。太深了，患者的言语会模糊，就没法进入进一步的治疗。

如果被催眠时自己是清醒的，那岂不是说，需要患者配合?

所有的催眠本质上都是自我催眠。如果你拒绝，没人催眠得了。艾瑞克森被称为催眠大师，只是说他更容易绕过别人的防御。

患者在催眠中看到的、听到的、感受到的，是当真还是不当真?

你可以把它理解为一个意象，用以引导患者宣泄内心的情绪。当然这么做要非常谨慎。要看时机。时机成熟了，才能碰，不然效果不好。

因为这需要和患者的互动。他觉得安全，才会解除防御，互动才有可能；他觉得不安全，你强行带着他走，他感到更不安全，会抵触，这就叫阻抗。

对未知保持敬畏

科学的态度，本性的善良，还有专业知识，对于咨询师来说是最基本的。

这样看来，心理咨询是一件非常复杂和艰难的事情。

心理咨询师也有很多无能为力的时候。你需要去感受到底发生了什么，你自己有什么感觉。很多时候你感受不到，因为来访者会自我防御。

症状其实是一种表达，是隐喻的表达。患者无法从正常渠道表达，就会用生病的渠道表达。我们需要与症状和解，不是去抗拒它。这样它就不是威胁性的了。

医生这一行，一定是越干胆越小。你要对未知保持敬畏，尤其当你面对的是一个人。

作为心理咨询师，最难的是和来访者建立良好的关系。心理咨询其实不是把我的价值观灌输给你，而是把自己放空来接受你。

一个心理咨询师最重要的能力是什么？

好的心理咨询师，起码人格要健全。个人成长很重要。所以我们一直在学习、体验、督导，不会停下来。自我成长要跟上，否则会在工作中掺杂个人的因素，比如价值感、成就感、自己的情结等。

我们每个人都不会那么完美。一个咨询师，不可能解决自己的所有问题，但至少要清晰地知道，自己哪一块会有症状。例如，如果我有同性恋倾向，给来访者做咨询时，就要意识到自己这个状况，做必要的调整。如果你对自己觉察不够，不但看不好患者，还会把自己的情绪带给对方，可能给他带来二次创伤。

总结一下：科学的态度，本性的善良，还有专业知识，对于咨询师来说，是最基本的素质。

一种病痛，本身就包含着治愈的力量。这是对抑郁症康复之路的生动写照。

渡人

题记

“无穷的远方，无数的人们，都与我有关”

人的一生都在“渡过”，渴望由苦恼的此岸，抵达理想的彼岸。

在这个旅程中，“他渡”给“渡过”以援手和助力，“自渡”是“渡过”的内在力量；而“渡过”者，如能由“自渡”而“渡人”，则体现为人类温暖而可亲的善意。

出于对生命的感激，病愈后，通过自学和实践，我开始了“渡人”的尝试。先是撰写系列文章，和读者分享我的体会；便有许多患者及家属慕名找到我，咨询一些问题；他们的问题对于我来说是难得的病例，解答的同时，我对精神科学的理解在逐步加深……

三年来，通过各种途径找过我的患者逾百名，密切来往者 20 多人。本篇的主要内容，便是记载我和患者们的交往……他们在我的心目中久不能忘，鼓励和营养着我。

和患者的交往占去我不少时间和精力，但我乐在其中，我亦视之为责任。

如鲁迅先生所言：“无穷的远方，无数的人们，都与我有关。”

艰难的救赎

抗拒就医

“你摸摸看，我是不是瘦了？”她指指自己的左肩，说。

确实很瘦。这是初夏的5月，她的身躯顶着单薄的衣衫，犹如衣架。我触碰了一下她的肩膀，又迅即收回手：凸起的肩胛骨太硌手了。

“你看我，瘦成什么样了啊？”她悲哀地望着我。

无须回答。我知道，她要的不是答案，而是在索取同情。但同情是廉价的，我决定不予满足。我说：“你该去看医生。”

这是她最怕听的话。“不不，我自己吃口药调理调理就行了。”她立刻缩了回去，好像被火烫了一下。

记不清这是她第几次对我诉说。一年里，在南京和北京，我见过她两三次。第一次，她说自己失眠，没胃口，容易累；第二次，情况严重了些，自述每天靠安眠药才能勉强睡几个小时；经常心慌，每天下班后精疲力竭，想到工作就有压力。

第二次时，我担心她是抑郁症，问了她几个问题，但从她的回答看，不像。她说，如果工作顺利，睡眠也会好一些；工作安排好后，带女儿出去玩，还是会有高兴的感觉；尽管不爱聚会，但如果工作需要，和人交往也没有问题。

我对她说："你这是焦虑，可能伴有抑郁。最好去看医生。"

"不用，"她拒绝，"是工作压力太大，我吃中药调理。如果不用上班就好了。"

又过了半年。这次再见到她，形销骨立，皮肤黯淡无光，目光幽怨而悲凉。

她说，整夜整夜睡不着，经常觉得自己活不长了。给女儿买了一件新衣服，看女儿满地乱跑，就辛酸地想："明年这个时候，妈妈就看不到你穿新衣服的样子了……"回家做了一顿晚饭，老公夸奖她，又满心愧悔："这么多年为什么不给老公、女儿多做几顿饭？以后没机会了，后悔也来不及了……"

我不愿意再听，直接给出结论："上次我说你是焦虑伴抑郁，现在我认为你是抑郁伴焦虑。去看医生。我回到北京，会催问你。"

我给她推荐了南京的某位医生。回北京后，隔一周问一次。她找各种理由拖延。实在推不过，终于去了医院。

这天，上午，她突然来电话。一接通，欢快的声音洋溢出来：“张进，我看过了，医生说没事！”

谁希望有事呢？没事再好不过。这件事就放下了。

求生的本能

又是几个月过去了。

一天上午，电话响起，是她。我接通，感觉怪异。电话那头的她，语调凉惶，语速迟缓。“是你吗？声音怎么变了？”我问。

她悲苦地告诉我，这几天感觉特别不好，整夜睡不着，全身都难受，什么都干不了，害怕，绝望，觉得自己活不下去了。

我大惊，说：“怎么会这样？你现在至少是抑郁症中度！上次医生不是说你没事吗？”

我追问：“上次你和医生怎么说的？医生原话是什么？”

她嗫嚅。我明白了：出于对于精神疾病的抗拒心理，她一定向医生隐瞒或淡化了关键症状，自欺欺人。

但此时追究没有意义。我问：“你现在在哪里？赶紧去看病，还来得及。”

她告诉我，她在湖北武当山上，正和一拨儿爱好中医的师友切磋技艺。这是她每年都要参加的交流活动。

我说：“你别切磋了，赶紧回南京，不要再拖！”

“再说吧，”她又推诿，“等课结束了，我就回去看病。”

我苦口婆心相劝："别等了，你看你现在这样，能上课吗？他们能帮你吗？"

她说："同学们对我非常好。他们说，只有待在集体中，靠大家帮助，才能战胜自己。他们上课去了，我在房间里打扫卫生，力所能及做一些事情，和同学们在一起我心里踏实。"

我气急败坏："既然你心里踏实，为什么要给我打电话？你给我打电话想干什么？"

"我，我，"她慌不择言，"我当时不太好，现在已经好了……我没事了，我挂了啊……"电话发出"嘟，嘟"的声音。

我再拨，关机。气得我说不出话来，恶狠狠地想："不管了，随她去，自生自灭！"

然而，两天后，我又接到她的电话。她开口就说："张进，我在机场。"

"怎么了？"我问。

她答："实在坚持不下去了。同学中有一个人是西医，他也建议我去看病。现在他护送我回南京，明天就去看病。"

我长舒了一口气。

人是有求生的本能的。我猜测，在最后关头，在生命消逝的恐惧体验中，她选择了理性。

第二天，她看完病，向我汇报：医生诊断她为中度抑郁。这和我的判断一模一样。

用药如下：米氮平、草酸艾司西酞普兰、奥沙西泮。

我放了心。从这几种药看，是比较单一的抑郁症。

我对她解释：这三种药中，主药是草酸艾司西酞普兰，它属于 SSRIs 系列，即 5-HT 再摄取抑制剂，用于帮助她修复大脑中 5-HT 的失衡；米氮平也是抗抑郁药，有较强的助眠作用，意在解决她的失眠障碍，同时和草酸艾司西酞普兰合力发挥作用；奥沙西泮是抗焦虑药，用于释缓她的焦虑症状。

我对她说："这三种药，方向是同一的。说明你是单相，很好治。严格按医嘱吃药，如果运气好，这些药对症，一个月后，你会焕然一新。三年的痛苦，一个月解决。"

面对副作用

本以为她的治疗从此步入正轨，康复指日可待。结果证明我乐观了。

后来得知，她拿到药后，没有立刻服用，而是手捏着看了两天。犹豫不决，害怕副作用，害怕药物依赖……

终于，鼓起勇气开始吃药。从那时起，她天天给我打电话，诉说各种身体反应：头疼、肩膀疼、肌肉紧、心慌、恶心、看东西模糊……

我对她说："你太草木皆兵了！就算有副作用，也没这么快。这些症状，有些你本来就有，不能都赖给副作用；有些是心因性的，完全是你自己想出来的！"

劝说没用。每次通电话，她都悲苦地诉说副作用，对前景悲观。大约一个星期后，她坚定地表示：要停药，改吃中药、针灸。

我着急了，说："你吃中药、针灸我不管，但不能停药，不然，前功尽弃！"

她不置可否，只是悲苦。我心生忐忑，决定当面劝导。第二天，我乘高铁，几个小时后到了南京。

她劝阻我前往无果，在家前的马路上迎接我。我看她神态惊惶，在川流不息的街头，格外孤单而无助。

进了家，她妈妈看到我，如见救星。当抑郁症患者的家属是痛苦的。我和她谈话时，只要妈妈走近，她就停住话头，看着妈妈。妈妈惊惶而窘迫地说："好好，我走，我走，你们谈。"然后急急走开。

我心生怜悯，责怪她："你看你，把你妈妈折磨成什么样子了啊！"

晚饭时间到了。她妈妈留我吃饭。看着她妈妈殷切的神情，我答应留下来。

她妈妈立刻高兴地进了厨房。不到一个小时，几盘几碟，在桌上一字排开：凉拌黄瓜、红烧鲫鱼、茭白肉丝、虾仁炒蛋、冬瓜排骨汤。有荤有素，有红有绿，有凉有热，有汤有水。虽非山珍海味，却也热热闹闹。

这是我有生以来吃过的最好吃的家常菜。

药效显现

回北京后，她再没有和我提要停药。

但她仍然不忘记经常汇报自己的副作用感受。我熟视无睹，既不解释，也不劝导。抱定一个原则：只要按时服药，别的都不管。

约 10 天后，药效逐渐显现。她先是胃口好了一点儿，想吃东西了；然后睡眠好了一点儿，能够睡着了；再往后情绪好了一点儿，不那么悲观了……

这天，她又来电话。说到最后，她问我："张进，你最近怎么样？身体好吗？"最后谆谆告诫："你自己也要小心啊。"

我觉察到她的变化，问："你刚才关心我，是出于礼貌，还是发自内心、带着感情在问？"

"当然是带着感情的。"她说。

"恭喜你！"我说，"你真的要好了！抑郁症患者的感情通道是堵塞的。如果你刚才是发自内心关心我，说明你恢复了正常人的感情。药见效了！"

果然，再往后，她的电话一天比一天少，终于一两个月都不再来电话。

我很高兴。她的身体在康复，生活在重整。不再找我，说明她的精力已经转到新的方向。

悲苦不再

半年后，在某一个场合，我又见到了她。

一见面，她滔滔不绝。更多是在谈工作，得意于自己的业绩，感叹于自己的忙碌。但是，悲苦不再；她神采飞扬，眼里水波流转。

看着喋喋不休的她，我想起了《祝福》中描写祥林嫂的一句话，多么吻合：

“然而她反满足，口角边渐渐地有了笑影，脸上也白胖了。”

困兽笼中

他是一个典型的中度抑郁症患者。

我第一次见到他时，他正在自己昏暗的小房间里焦躁地走动，像一只笼中的困兽。

在此前和此后很长一段时间里，他一直不相信或者不接受自己得了抑郁症。而从他妻子的叙述判断，这确定无疑；我去看他的主要目的，是帮助他接受这个严峻现实，老老实实去看病。

他是一个高级知识分子，博士，在一家研究机构供职。尽管如此，当大脑被病魔侵袭时，他的思维仍然如弱智般单一，行为如孩童般幼稚。

所幸他病情单一，也不严重，接受治疗后，一个月便痊愈了。

但他这个病例，仍有很大的价值，具体说明了一个抑郁症患者，思维和认知是如何被疾病扭曲，从而变得自卑、自责、悲观、绝望。

在他患病和治疗期间，我嘱咐他的妻子，不要怕麻烦，每天记载他的思维、行为和服药后的反应。这一方面有利于他的治疗，另一方面可以给其他患者以信心。

感谢他的妻子，按我的要求做了详细记录。征得她的同意，我稍作整理，陈列如下。

就医之前

【第四日·看不到前景】

他依然情绪低落，从早到晚拉着我问："你为什么每天这么开心，难道你看不到眼前的困难吗？这个家已经没法运转了，我们现在面临的是生死存亡的问题。"（他所谓"生死存亡"，是指在北京生活养娃经济压力大，这也是最初击垮他的一大压力源。）

他屡屡说："我走在大街上，觉得每个人都过得比我好。"

【第三日·"她是罪魁祸首！"】

他昨天又陷入"不知该做什么"的焦虑中，让我给他布置任务。我让他把婴儿床拼装一下。装的时候，他一块板子没拿稳，重重地摔在地上。在旁边大床上玩耍的宝宝吓得哇哇大哭。听到哭声，他更加心烦意乱，冲着宝宝吼："哭什么哭，你除了哭还会什么！怎么这么娇气！”

我把他拉到一边讲道理，他说自己都懂，就是克制不住情绪。“我现在很恨她（宝宝），就是她把我们害成这样的。”

【第二日·“我骗了大家！”】

今天中午，他在我的鼓励下去洗了个澡（不记得他几天没洗澡了）。中午尝试着工作，但对着电脑坐了不到半小时，就又崩溃了。

“我们不要在北京苦撑下去了，回老家吧。就算治好了病，我也写不出那些文章。我失业了，没有薪水，靠你一个人的工资我们在北京根本活不下去。”

“你要相信我对自己的判断。我是意识到自己能力不足，才生病的。我对你说这番话时，是理智和清醒的，没有认知扭曲。我们应该早几年就想到这个结局。”

我说：“你能力不足？那你的同事为什么都夸你？”

他苦着脸说：“那是他们不真正了解我，被我的表象骗了。”

【第一日·“生活是一盘死棋”】

他一方面对治疗持悲观态度，另一方面觉得即使治好了，自己的生活也是一盘死棋。

“如果我看好了病，还是这样懒惰，没有责任感怎么办？我还是不能工作怎么办？”

尽管我各种开导解释、各种规劝，他还是会隔一两个小时问我一次同样的问题。

“我以前就是太随性了，把时间都浪费在这些无用的事上，才会落得现在一事无成。”

“我想马上辞职回老家。就算治好了，我们也没法在北京生活下去了。”

就医之后

【第一日】

服药后，疑似副作用有恶心、嗳气、呕吐、乏力症状。

对于治疗，他一直在坚持与放弃之间徘徊，几次跟我提出想停药。

（笔者注：在药物最终起效之前，他对治疗都持怀疑和迟疑态度。为了劝他就医，我和他妻子软硬兼施，他总算同意了；真正走进医院，又磨蹭了好几天。

到了看病这天，一大早，我帮他挂好号，就要去上班，嘱咐他耐心等待，别乱跑。想不到他说：“我觉得我还不是抑郁症，不用看病。你一走我就走！”

我非常生气，打电话给他妻子：“你快来！我还要上班，没空替你看着！”可怜他的妻子，要带四五个月大的孩子，分身无术，只好不停地给他打电话，才让他留下看病。

医生果然为他确诊为抑郁伴焦虑，开了抗抑郁药、抗焦虑药，还有短效安眠药。）

【第二日】

他昏昏沉沉，说话有气无力，几乎在床上躺了一整天。我劝了一个小时，他才肯吃晚饭。自述感觉比原来差，失去生活动力，外加视力模糊。

补充睡眠情况：昨晚10点睡，半夜醒了一次，之后再次入睡，今天早上6点醒的。

【第三日】

已没有第二天恶心、呕吐的症状，除了眼睛无法对焦、看东西费力，身体没有其他不适。感觉睡眠质量比第一天好，中间醒一次后继续入睡，早上6点半起床。总共睡了不到8小时。

【第四日】

晚上没睡好，凌晨3点醒后就再没睡着。感觉头很亘，白天除了吃饭上厕所，其他时间都躺着。

今天开始加药，早上有那么几分钟心情阴转晴。

【第五日】

加药第一天，没有太多不适感。视觉有所好转，能看清近处物品，看远处景物还是有重影。

下午在我的鼓励下，他居然肯出门散步，走了一个多小时。

晚上睡觉前，我翻出手机里的照片给他看，回忆旧时光，他很开心，好像回到从前。这是两三个月来，我第一次看到他发自内心地笑。

但晚上又没睡好，3 点醒后就再没睡着。

【第六日】

早上散步一小时。偶有快乐的感觉，但转瞬即逝。

情绪起起落落，跟和尚念经似的反复问我："如果不好怎么办？你怎么知道一定会好？什么时候可以停药？我能不能只吃安眠药？"

晚上从 10 点睡到 4 点。

【第七日】

早饭后散步一小时。上午他精神还蛮紧张的，到了下午便渐渐放松下来。当时我突然觉得肚子饿，于是拉着他下楼觅食，他提议吃煎饼果子。这算是巨大进步啊！要在平时，他肯定不在状态，或是在我耳边碎碎念要停药什么的。

热腾腾的煎饼刚到手，他一把抢过去咬了一大口。我们还吃了久违的驴肉火烧，他由此忆起孩子出生前的生活。

下午过后，他基本没什么焦虑情绪。

但晚上睡眠还是不好，3 点醒。他已经连续四天凌晨三四点醒来。

（笔者注：患者想吃东西，有了兴趣，产生欲望，就是病情转好的标志。他应该是从第七天开始见效的。速度之快，超出我的预期，可能和他是单一抑郁症、较易处理有关。多数情况下，需要服药6周到8周。如果还不见效，说明药不对症，就应该换药。）

【第八日】

今天继续出门散步。重影没那么严重了。保姆休假，他精神头儿不错，帮我一起带宝宝。下午还饶有兴致地看了会儿电视。

晚上9点多，他突然兴奋地跑过来跟我说："我躺在床上把过去那些困扰我的事又想了一遍，好像也不是那么糟糕。我突然很想看晚上10点的直播球赛。这是不是说明我好了？"

（笔者注：确实是快好了。从上一天想吃煎饼果子到今天想看球赛，从物质需求向文化需求发展，说明大脑中欲望和兴趣的通道正在被打通。）

【第九日】

今天没什么特别的变化，昨天的好状态没能持续。早上出门散步，我特意观察他的步伐，还是蜗牛般慢。

【第十日】

今天不知怎么了，他情绪又低落起来，又躺了一上午。下午我跟他聊了聊天，又好些，还看了场球赛。

睡眠：夜里3点醒，之后又睡了，5点醒。

（笔者注：这两天属波动，是正常和难免的。）

【第十一日】

情绪还可以，他这几天每天都会花些时间陪宝宝。

下午做了两件出乎我意料的事，一是看新闻，二是去公园跑步。不过因为体力不支，不到半小时就回来了。我劝他不管多难，都要坚持。

【第十二日】

早上他莫名地哭了起来，询问原因，他说自己找不到关心家人的感觉，不由得黯然神伤。

他问我，以前他是不是一个没有责任感的人？我安慰说不是的。看来他的自我认同感低，又有些回潮。

下午他在天涯上看到一篇帖子，名叫《抑郁症的秘密》。这篇文章略长，他研究了一晚上，越看心情越好。

他说，文中提到的诸多体验他都有过，例如得病之后，就像有两个自己在争夺对他大脑的控制权，一个是天使，一个是魔鬼。他情绪极差时，曾试过用想象天使打败魔鬼的方法来排解，还蛮有效果。

睡眠状况：12 点睡着，5 点 40 分醒后接着睡到 7 点半，能感觉他睡得很好。

【第十三日】

头天睡了个好觉，他早上起来精神很好。从昨晚到今早的某个时刻，他有一种突然好转、获得重生的感觉。

他说，过去三个月就像是一场梦、一出戏，现在梦醒了、落幕了。这疯狂的三个月把他的人生明晰地分为三个阶段，他感觉自己现在就像个新人。

上午跟他逛商场，明显感觉他走路比我快，还好几次停下来等我。

不过下午遇到件烦心事，他心情没有早上好。我觉得也正常。

【第十四日】

他状态不错，早上悠然自得地浏览了新闻，下午照常散步、带宝宝，晚上看了场直播球赛。

睡眠：睡得很好，醒了两次，又都睡着了。早上起来感觉还没睡够。

【第十五日】

一家人在忙换保姆的事，他一遇到类似具体的事情或变动，就会心烦意乱。

他比较困惑的是，现在虽然已不焦虑，但也高兴不起来。他试着在纸上列出每天困扰他的事和令他开心的事，但没太大效果。

【第十六日】

开始考虑孩子以后上幼儿园、小学的问题，觉得毫无头绪。

我告诉他，不用想太远，为未来一两年做好准备就够了。

【第十七日】

几乎完全恢复正常，说话做事坚决果断，不犹豫。

朋友的日记就到这里。所谓“好了伤疤忘了痛”，病一好，就不想记了。

不过，还是为她高兴！祝患者坚持治疗，直到彻底康复。

这个病例的意义在于告诉人们：抑郁症只要正确诊断，坚持治疗，并不难治好。一场大梦，体验另一种人生而已！

（笔者注：人们在生活中，经常要对自己所处的环境做出认识和判断。有的符合实际，能很好地指引工作和生活的方向；有的则偏离了现实，以至于做出错误的选择，给自己带来很多麻烦。这就叫认知扭曲。常见的认知扭曲有：非此即彼、以偏概全、否定正面思考、感官过滤、过早下结论、夸大或缩小、情绪推理、乱贴标签等。）

一位抑郁症患者的病中自述：『我走在大街上，觉得每个人都过得比我好。』

花　香

“丁零……”，手机上跳出一条信息，只有短短一句话：

好些天没有出门了，今早出门，闻到了花香。

我记起，她是一年前找我咨询过的一位患者。当时，她已遭受长达 10 年的抑郁症的折磨，从老家来北京求医，医生确诊她是双相情感障碍。

循　环

那是 2014 年 5 月的一天，我领她走进安定医院。走出医院时，她手里攥着花了700多元买的一堆药，两眼茫然，脚步虚浮。

“要吃这么多药？要吃一年？”她反复询问。

我不想隐瞒，老实告诉她：“对，抑郁症治疗的原则是足量足疗程。你耽误得太久了，至少要吃一年。今天就开始吧。”

她嗫嚅着：“我再看看，再看看，说不定过两天我自己就好了……”

后来，她断断续续和我保持着短信的交流。我见证了她一次次的循环。每次，当陷于抑郁相，痛苦不堪时，她答应：过几天，等熬出来，就去。可是，一旦转好，陷于轻躁狂相甚至躁狂相，她就精力旺盛、兴高采烈，全然忘记了多少天前的痛苦，认为自己完全没有必要去看病。

时间长了，我也渐渐淡忘了她，直到今天收到这条短信。

我赶紧回信询问。又过了半个小时，她大概回到了家，给我发来一条较长的短信。她说：“过去十多天，我一人躺在床上，不吃不动，今早醒来，突然觉得头脑清爽，就出门了。天阴着，空气潮湿，走到小区的林荫道上，突然闻到了桂花香。我站在桂花树下，我哭了，我觉得生命回来了。”

我没有立刻表示祝贺，而是直截了当地问：“你这一年怎么治的？药换过吗？”

“我一直没有吃药，是自己挺过来了。”她答。

我心里一紧。我明白，这不是好转，而是新一轮循环的开始。对她来说，命运不过是重新画了一个圈而已。

我想起了她的故事。

飘忽人生

她今年 32 岁，可是被抑郁症缠绕已经十几年。

她有一个不幸的童年。

她生活在一个老式传统的家庭。家境贫寒，有两个姐姐，而父母一直想要个男孩。这种想法和期盼给她带来很大的压力，让她从小就产生了身为女人的耻辱感。父母关系不和，在她的印象里两人从来没有心平气和交流过。父亲酗酒，喝醉后会动手打人；妈妈很强势，经常会为一些小事发脾气。童年生活是她心底的一块阴影，她很少体会到温暖和爱。

和她的两个姐姐相比，她天性敏感。似乎她的妈妈对她们姐妹的责骂和抱怨，只对她产生影响。她自小就会自责、自省、自我限制。表面上很听话，内心的不满在积蓄。她自小就性格封闭，习惯于把一切都包裹起来，包括自己的情绪、欲望、悲喜，连自己都感觉不到。

进入青春期，上了高中，她经常处于很极端的状态。那时谁也不知道这会是病。情绪起起伏伏，谁会当回事儿?

长大离开家后，她更进入一个飘忽不定的时期。幼年的心灵创伤一直跟随着她，诱发着恶劣不良的情绪。她迟迟没有恋爱，因为她不敢承担一个家庭的责任，也没有信心经营一个幸福的家庭。或者说，她不知道怎么去爱一个人。

有一段时间，她特别害怕接到家里的电话。一和妈妈通话，妈妈就会对她抱怨父亲、姐姐，以及所有的亲人。她烦躁，无所适从，甚至手机上一看到妈妈的来电就心跳气短，难以自控。但是情绪过后，她又自责，努力想对妈妈好，想找办法弥补。

最耻辱的事情，发生在她走上社会之后。现在看来，那时她的病情已经进入双相情感障碍的循环时期，躁狂和抑郁交替蹂躏着她。应该是在躁狂期，她屡次发生一夜情。她本是一个传统的女孩，事后，对自己厌恶至极。她不知道自己是病，想不通，想不明白，只能归结自己是一个坏女孩。她极度仇视自己，觉得自己肮脏、无用、无能、该死，恨不得毁了自己。

“那种耻辱感难以形容。”直到今天，谈起这段往事，她仍然自责良久，不堪回首。

内心的冲突也反映在她的人际关系上。她工作换了一个又一个，工作时间最长的不超过一年。失业成了家常便饭，这成为她人生又一个刺激点。“我搞不清是失业导致病发，还是病发导致了失业。”

烦躁易怒是她在职场中的大敌。工作中，有时同事问一些问题，或者老板布置一些任务，她第一反应经常是厌恶，没有耐心。过后她会反省自己：为什么要这么烦躁？为什么不能控制自己？这到底是因为本身的性格，还是因为病？

这是她在躁狂期的表现。如果转相到抑郁状态，她便会彻底地退缩。病情严重的时候，根本起不来床，一连几个月不出门，不见人，甚至不能正常洗漱、洗澡。

希望在哪里

2013年底，长期不工作的她，感觉到严酷的生存压力。就在这时，她在网上看到我写的文章，对照之下，她怀疑自己也是双相情感障碍。她挣扎着起床，决定去看病。

她先在她所在的城市看了两家医院，一家是综合性二甲医院，一家是精神专科医院。可是，这两家医院水平很低。她对医生说，怀疑自己是双相，那医生居然问她："什么叫双相？"

于是，她辗转联系上我，到北京求医。在我的陪同下，懵懵懂懂地捧着700多元的药走出了安定医院的大门。

此后的情况，是她在最近才告诉我的。离开北京后，她仍然下不了决心吃药。这时，一个朋友给她推荐了某地的一个禅修班，声称"结合了中西医学、身心灵整体健康理念、黄帝内经、五行性理疗病、情志调理等精髓，形成了一套完整的非药物调理方式，通过情志调理、心理疏导、和谐家庭，从爱、智慧、正能量、情志的角度帮助抑郁的朋友重返健康"。

这不需要吃药。她看到了希望，顿时轻松起来。2013年5月，她赶到那个城市，参加禅修班。初始感觉很好，但是，最终又能有什么用呢？她仍然摆不脱躁狂与抑郁的循环，甚至循环的速度越来越快，从原来半年一循环，变成三四个月一循环，甚至一个月一循环；而且，郁的时候越来越多，躁的时间越来越短。

到了2013年下半年，她再次跌入一次深重的抑郁中。和往常一样，她把自己关在房子里，整天躺着，不吃不动不语，甚至写好了遗书，做好了离世的准备。——谁曾料到，她又重新活过来了呢？

“我成功了，我战胜了自己。”她说。

我犹豫了一下，还是觉得不能附和她。我回复：“你应该知道，你看得见颜色，闻得到花香，这是转相了。我估计，你今明天就能恢复生命动力。赶紧乘这个机会，把有限的力量用于治疗吧，把躁狂压下去，不要等到下一轮循环。”

她的回答让我又急又气：“用药压，万一压成了抑郁怎么办？现在的感觉实在太好了。我实在不想回到抑郁，那太可怕了。这辈子都不想体验了。”

我急了：“不是药把你压成抑郁，而是你的病会自动从躁狂转相成抑郁！用药是帮助你稳定下来，你怎么就不听呢！”

她无动于衷。她似乎还沉浸在感受到花香的兴奋中，告诉我，她打算乘胜追击，再来北京参加一个身心整合治疗方法的课程。这个老师是中医世家，又学习了西方心理学，把中医、五行、按摩、西方心理学融合到一起，自创了一套身心整合疗法。

“老师，你不是说，抑郁症是一个异质性疾病吗？每个人好起来的方式不一样，我正在寻找适合自己的方法。”她说。

我无话可说。我知道，处于躁狂兴奋中的她，是不会同意去治疗的。我只能等待，等她再次进入抑郁期时。

不过，那时她又会极度退缩，无力求医。这样的矛盾该怎么处理？什么时候，她才能真正健康地闻到花香？

只要正确诊断，坚持治疗，抑郁症并不难治好。它只是一场大梦，让你体验另一种人生而已。

抑郁病房日记

“我该有多庆幸啊，在绝望中抓住一根救命绳——主动求医！”

——患者康复后如是说

某日，打开邮箱，看到一位陌生读者来信。信上写着：

张进老师：

我是一名正在接受药物治疗的抑郁症患者，曾在最绝望的时候，看到您的博客，为自己重燃了希望。

我把这次患病经历写了下来，是为了更好地前行。一场病痛，或大或小，都会使人折损，但我们会因此而反思、自省，从而获得更多的力量支持。独活于世，需要更强大的内心、更完整的自我来与之对抗。让我以此机遇，破开命运之门。感谢！

这位名叫穆昕的姑娘，随信附上她的文字，记载了从求医到入院治疗的全过程。她的回忆，坦诚、丰富、准确、翔实，把不为人知的抑郁症病房的生活，完整而真实地展现在我们面前，具有极高的价值。

读完她的邮件，我给她回了一封信：

收到，谢谢信任，谢谢你的分享。

你很幸运。一、你应该是单相抑郁，治疗相对容易些；二、你就医早，就医彻底（住院）；三、药对症（文拉法辛相对而言是新药，见效较快，现在比百优解用得更广泛）。

不过，你现在只能算临床治愈，离彻底治愈，还有距离。在维持治疗时期，一定要坚持服药，遵医嘱再减药和停药。不然，有可能前功尽弃。祝福！

征得穆昕姑娘的同意，我把她的文章稍作编辑，发表如下。

“用药物维系的睡眠
也没有什么不好
至少在梦中

说了一场悄悄话
然后醒来
和大脑进行一场谈判
死亡还未抵达
又何必畏惧呢
流淌在每一条神经上的字符
都是和解的命令……”

这是我在患了抑郁症并给我的生活造成重大困扰后的内心独白。每天当夜幕降临，我的心就开始害怕起来，不知道要怎样才能度过这漫漫长夜。“惶惶不可终日”是我当时的真实写照。直到我主动去求医并在医院住了小半月，这种恐惧才慢慢开始消退。

发 病

2014 年 4 月的清明节，从湖北老家回到工作地佛山南海后，我一贯的浅眠开始变成了连续的失眠，每晚固定在同一时刻（凌晨两三点）醒来，曾困扰我多年的头痛也在频频加深。

我一直坚定且固执地以为自己是偏头痛，如往常一样睡一觉，或是吃点止痛药就会好转。但实际情况并未像预想的那样不治而愈，头痛愈演愈烈。“五一”假期过后，因工作需要，我带着头痛，接连高强度工作三天后，实在撑不住，便听从单位领导建议，去了医院。

以往求学期间头痛，我只需好好休息一段时间即好。工作后，并不能给我足够的时间来休养。回想我上一次因为头痛求医，是在2013年5月。头痛似乎已经成为我一种定期复发的病症。

求　医

2014年5月5日，我第一次因为头痛求医。

医生建议做CT检查，我自认为不至于那么严重，没有做，只是让医生开药止痛。实际上，连那些药我都没敢吃（担心依赖性）。三天后，头痛感就消失了。但失眠并没有好转，越来越糟糕，从曾经一夜只醒来一次、再难入睡，演变成了一夜醒来三四次，几乎整晚无眠。其间头痛亦有反复。到2013年9月底、10月初，头痛再不愿离开我，整日伴我左右、形影不离。加之糟糕的睡眠，我的情绪长期处于低谷。

我自知自己天性敏感多思，但也有一定的内省力和情绪自控力。这一次，我却无法让自己再次感受到情绪的波澜，心里如一潭死水，无力感一次次袭来，冲击到心灵深处。从无望到绝望，轻生的念头好几次一闪而过。

我开始对自己感到害怕，对自己的陌生感前所未有，第一次觉得自己这么无用、无存在感、无价值感。

2014年10月13日，我因为头痛，第二次走进医院。遵照医生建议，做了CT检查，最后医生诊断为枕大神经炎，并服用了一些头痛的治疗药物。

入 院

第二次求医吃药无好转后，有好友提醒是否会患有抑郁症？在她的建议下，我阅读了财新传媒张进老师的博客，他曾是重度抑郁症患者并经过西医治疗痊愈。

2014 年 10 月 29 日，我来到广州市第一人民医院就诊。医生初步诊断我为抑郁状态。

我窃喜抑郁状态就是还没到抑郁症的程度，也许能靠自己调节，不用依靠药物。但医生建议我入院用药物治疗。因我这种天性敏感质人，若长期情绪低落，很难靠自我的力量走出低潮。并告知抑郁状态的治疗原理与抑郁症无异，同样需要长时间服药并定期复诊。

我犹豫不决，害怕一旦用药就会依赖，也担心工作时间安排。在跟单位领导沟通后，他建议我安心养病，无须牵挂工作。

当天我赶回佛山收拾行李，准备第二天入院治疗。当夜，我一边收拾一边眼泪不自觉地下落，几近泪尽，心里根本不情愿也不甘心入院。

【第一日】

10 月 30 日，星期四，是我入院治疗的第一天。

办住院手续时，我脸色暗沉，神情恍惚，整个人木讷得很，好像需要别人下口令才懂得挪动脚步。进了病区，护士告诉我给我安排的床位还没腾出，我被安排在医生办公室等候床位。头痛缠身的我几已丧失思考能力，很乖顺地听从安排。

随后，便有医生来问诊，我积极配合医生，详述状态，并根据之前的自查告知诱因。这时，隔壁的房间传来女孩的哭声，我突然好想像她那样哭一场，但是眼泪已经流不出来了。

其实，从 2013 年 11 月开始，我的情绪便开始处于持续低潮期，几乎每天都会在固定的时刻流泪。当时已有同事领导提醒过可能是抑郁，建议我去求医，但我没有重视。春节回家给了我一个缓冲的机会，后来清明节再次回家，这种情绪上的低落还未反映到躯体上，成为器质上的病变。

医生问诊结束后，已近中午 12 点，但床位仍未腾出。我一个人在外吃完午餐，随意逛了一会儿，回到医院。下午两点，我跟着护士进入病房。病房里紫外线消毒的味道久未退散，把行李随意搁置后，我就坐在了病床前的座椅上，无心整理。

随后，有人来铺床，顺便给了我一套病服。我脱口而出，“可以不穿吗？”我知道内心里仍在与“我是病人”这样的字眼做强烈的抗争。

当晚无眠。晚上 10 点，护士给我吃了一片阿普唑仑（一种安眠药）。一闭眼，各种乱七八糟的想法汹涌而至，头痛时刻缠绕着我。走廊内的人声、电梯铃响的声音一直在我的脑海里回旋。护士每一次巡房（每隔 1 小时巡一次房），我都是醒着的状态。凌晨 3 点，我再次服用了一片阿普唑仑，仍是醒着的状态多。到早上的6点，护士来帮我抽血检验。我问时间，知道已经是第二天清晨了。

【第二日】

10月31日，星期五。

护士抽完血后，我终于有了点睡意，沉入睡眠。8点半左右，有医生过来与我聊天，问我昨晚的状态，心里在想什么。我如实回答。医生问我这时候最想要谁的关心，我答没有。她奇怪，“怎么会没有呢？”我告诉她，我已经很习惯一个人独自面对这种很黑暗和孤独的时刻了。

医生离开后，有护工拿着预约好的检查预约单，带着我在院内各大楼间穿梭。我的精力只能集中在脚步上，因为怕跟不上护工而走丢。做完一天的检查，我甚至都不知道我检查过的项目有哪些。

下午，我站在病房的阳台上，看到窗户是设了门窍关卡的，心里苦笑——“是为了防止病人跳下去吗？”

晚上，姐姐从深圳赶来陪我。她在9点多到达医院，跟她聊了会儿天，就到服药的时间了。我吃了一片阿普唑仑后，慢慢沉入了睡眠。直到第二天护士来整理病房，我才知道我竟然安稳地睡了一晚。

事后回想原因，可能姐姐的陪伴让我心安了一些，加之慢慢适应了病房的环境，才换来一夜安眠。

【第三日】

11 月 1 日，星期六。

到这天，我才基本熟悉了。我所住院的病区设在神经外科大楼的最高楼层，病区挂着精神神经科病区的牌子。后来我了解到，其实它还有另外一块牌子——精神心理科病区。医院考虑到患者的隐私，只用了“精神神经科”的字眼。

这个病区 2014 年 5 月刚设立，什么都是新的，环境整洁干净。病房分为两种，单人房和双人房，整个病区能同时容纳 30 人。我当时所住的病房是单人房，房内有空调、电视、卫生间等，设备比较齐全。电视的开放是有时间限制的。床边会有一些特别提醒，比如防跌倒、需要 24 小时陪护等。

伙食比较清淡。每日会有食堂员工进入病房，直接在病房内订餐。房间每天都有保洁员打扫，并送来干净的病服。病人服药都有护士督促，看着吃下去。病人一般可以请假外出，但需要主治医生签字确认。

这时的我，已经不那么排斥身上的病服了。之前的无眠变成了嗜睡，白天我也昏昏欲睡，一直困乏打不起精神，曾经以阿普唑仑助眠过的我深知，这是药物的副作用。

下午好友和单位同事来探望，聊天过程中，我的状态也慢慢转好了一些。

那一晚，亦安睡了一夜。

【第四日】

11 月 2 日，星期日。

早上医生来查房，我询问医生出院的时间。医生回答，病情好转平稳后，才会让我出院，至少需要两周时间。心里只打算住院 7 天的我听了，黯然神伤。

那晚开始，医生给我服用文拉法辛抗抑郁药，喹硫平辅助治疗。文拉法辛为 75mg 剂量，喹硫平为 1/4 片。依然服用一片阿普唑仑助眠。

凌晨 3 点左右，还是睡不着，再次增服一片阿普唑仑。

【第五日】

11 月 3 日，星期一。

清晨起来，我去洗手间，昏昏沉沉，刚坐在马桶上的那一刻，我感觉整个世界都在旋转，胃里像有什么坚硬的器物在搅动，恶心乏力。我借助还未丧失的最后一点儿意识回到房内，倒在床上。心悸中，出了一身冷汗。

事后问护士，我知道这是药物的副作用开始了。那晚睡眠中，也在半夜醒来过一次，但很快再次入睡。

【第六日】

11 月 4 日，星期二。

前一天的昏昏欲睡，无力疲劳，体位性低血压……这些症状逐渐减轻。食欲不振、味苦口干、排尿困难、便秘、轻度震颤等一些细微症状仍在。但我可以独自去做检查了。

当晚，文拉法辛开始增量为150mg，改用1/4片奥氮平辅助治疗，压躁预防双相情感障碍（躁郁症，兼有躁狂状态和抑郁状态两种主要表现）。

【第七日】

11月5日，星期三。

我自觉情绪有一点儿波动，对自己患病的意识也越来越清晰，能够很专注地翻动手边的书籍了。头痛失眠仍未消退，心情多数时候仍沉郁。

医生来查房时，我有精力问了医生一些问题。我问医生，为什么给我用文拉法辛？我了解到目前抗抑郁药物已经发展到第四代，分成八大类，差不多几十种。医生给我的答复是文拉法辛是作用于双通道（对5-HT再摄取抑制作用最强，对去甲肾上腺素再摄取抑制作用也较强）的药物，在全球临床应用里最普遍。

下午，我又去找之前认识的病友姐妹聊天。同病相怜，都在病中的我们很容易找到共同的话题倾谈。那天Dan姑娘（第一天问诊时在隔壁房间大哭的女孩）刚刚大哭过一场，眼睛仍红肿着，听到我问“你怎么流泪了”，眼泪就下落不止。她告诉我眼泪流下来根本无法控制，并打趣说“不去拍韩剧真是浪费了”，逗乐了整个病房的人。

从那天开始，可能有了“同道中人”的陪伴，我开始心安了，也有了笑颜。当晚，整夜安眠。

【第八日】

11 月 6 日，星期四。

我的心情仍旧有些许起伏，但一直无搅动那潭死水。我心中“药物是否有用或治愈”的疑虑似乎比前一天更深了。

我向医生询问前些天几乎每天都在问的问题——“什么时候可以出院？”医生的答复都是还需要多住些时日，调好药量，病情平稳后才能出院。如果我坚持要求出院，他也可以让我出院，但不建议我马上投入工作。

经过这些天的了解，我的管床医生似乎已经认识到了我有女强人的潜质，他知我个性要强，并建议我要适当放下。

【第九日至第十四日】

11 月 7 日，星期五。

这天，我服用的文拉法辛增量到 225mg，奥氮平剂量仍是 1/4 片。

从 11 月 9 日入院第十一天开始，我服用的奥氮平增量至 1/2 片。其间有两晚醒来过，但都很容易再次沉入睡眠。头痛仍在，较之前已减轻了一些。并且会时不时地出神发呆，仍旧觉得脑袋笨重得很，觉得自己呆呆的，笨笨的。

转机在 11 月 12 日，即入院第十四天的下午出现。我突然感觉身心皆轻，压在心里的大石块一下子掉落了。我是真的感受到药物的疗效了，之前的绝望感、想自杀的念头都消失了。

我当即给好友发信息：“我像是看到了奇迹的发生，虽然头痛还在，但已不能成为影响情绪的主要因素了，那个完整的我正在一步步回来。”

那种阳光照进阴暗的心房的感觉，真的很想让你拥抱全世界，是可以为之喜极而泣的。

同在病中的好姐妹Dan也感受到了同样的变化，她跑来与我深情相拥，告诉我：“宝贝儿，我好开心，感觉那个从前的自己又回来了。”

她问我，现在的我最像什么时候的我？我答是大学毕业那段时间，因那时的我最无忧无虑、最轻松。她说她是高中的自己，因那时的她是全能的Dan，最自信也最开心。

我们互诉衷肠，感觉有泪盈于睫。那是这么久以来我们第一次真切地感受到，这个世界好美，值得我们好好去爱。

那天晚上，我并没睡得很好，但已不同于前段时间压抑式的失眠。我心绪平和，开始回想过去的种种，第一次那么肯定地确认并接受自己是患有抑郁症，不是之前所谓的抑郁状态，并且是处于轻度转向中度的阶段。

我回忆，我的抑郁症可追溯至童年时期。因自小家境贫困，激励我不断努力求学，改变自身境遇；而我又有完美主义倾向，常常为自己订立过高的要求，克己求全。这么多年来，我一直与现实处在一场长期的拉锯战中，读小学时就已经开始感觉到头痛，中学时更是经常头痛、流泪，并有过轻生的念头。到大学一年级，整个学期我都几乎沉浸在自己的世界里，很少与同学沟通交流。

因为到遥距家乡几千里的哈尔滨去求学，要适应新的文化新的环境，敏感的我更面临极大的挑战。幸运的是，到下学期我就加入学生社团组织中，并开始利用博客疏解心绪，很快便走出了情绪低潮期。

后来南下广州读研，直到在岭南文化深厚的佛山南海工作，再一次适应新的文化与环境。这些年的生活，似乎一直处于一种迁徙的状态，我的心绪也随着这些环境的改变和其间经历的种种而起起落落。其中的艰难与煎熬，若不是真正的抑郁症患者真的很难感同身受。

入院前一天，我发了微信："感同身受从来都是一个假动词。"而那一晚，我拿起手机，写下了"久违了，亲爱的你。感谢所有"。

【第十五日】

2014 年 11 月 13 日，在我的要求及医生的同意下，我出院了。每一个护士都跑来与我拥抱，我的病友们也都送来关切的问候与祝福。

在医院住了小半月，我和病友都熟悉起来，分别时颇有些依依不舍。整个病区，有比我小的弟弟妹妹，也有和我同龄的，更多的是比我年长的叔叔阿姨、爷爷奶奶，男女比例基本各占一半。

患者病症都不一样，以抑郁症为主，另外有躁郁症以及精神分裂症。我的好姐妹 Dan 住的是双人病房，与一位老奶奶同住。

这位老奶奶发病是由于老伴去世。隔壁病房住着一个比我们大十来岁的姐姐，面目憔悴，时常有被迫害妄想，医生诊断为精神分裂症。再隔壁住着一个比我们小很多的妹妹，大概还在念初中，看上去神态游离，也被诊断为精神分裂症，由其双亲 24 小时陪护。有一个妹妹，20 来岁，跟我差不多同时入院，但几未出过病房，由其母亲陪护。我和 Dan 在走廊走动时看见妹妹面色沉郁，得知她因为情绪不稳定，不能确诊，医生无法用药。

还有一位叔叔，患有躁郁症，由其爱人陪护。他正处于躁狂期，每日有用不完的精力。据他所诉，曾经在精神病院待过一年，没有被治愈，转移到这里。晚上他会到各个病房去聊天，有说不完的话，话语缺乏逻辑，整夜不睡，在纸上记录一些零散的字句，第二天交给我，想让我把他的故事编撰成书，广为传播。

住院 15 天的时间，不是很长，但也足以让我与那里的一切建立起感情来。无奈我笔力有限，词穷语短，无法绘出她的美、写出她的好。但我仍要以我最真诚的内心、以我童年的信仰向所有医护人员致以最大的谢意！谢谢！

就在是我出院后的第三天下午，在我与友人谈聊的过程中，那个恶魔——抑郁症——又回来了，我清楚地感受到它在我心灵上停留了片刻，我暗淡消沉了一会儿，又用勇气把它赶走了。

为自己，好好过活下去——这是说给我自己，也是告诉恰巧看到这些文字正饱受煎熬的抑郁症患者们的！我比多数人都幸运，所以有时候不知道拿什么来报偿，唯有尽所能地成为最好的自己！只因我爱这世界，爱得深沉！请让时间成为治愈我们的良药！

今次的治疗还只是个开始，我知道后路漫漫，我亦知自己能更加勇敢、更加坚强面对，谨遵医嘱，积极治疗，治愈康复。

常人很容易误解抑郁症，也存有很多的偏见，也许上天给了一个机会让我认识它，我也可以尽自己所能让更多的患者走出病痛，重燃希望！

用药物维系的睡眠
也没有什么不好
至少在梦中
说了一场悄悄话
然后醒来
和大脑进行一场谈判
死亡还未抵达
又何必畏惧呢
流淌在每一条神经上的字符
都是和解的命令……

寒冷的微笑

她告别我很久了，可她的微笑还停留在我眼前，留给我的却是彻骨的寒冷。

她是我的同事介绍来的。同事说，这位20岁的姑娘，在北京一个名牌大学读书，成绩优秀，阳光灿烂，但只有她妈妈知道她郁郁寡欢，孤独而怪癖。妈妈劝慰她、鼓励她、责怪她，一无所用，母女关系反而僵化了。

今年暑假，母亲发现孩子偶尔暴饮暴食，吃得狂吐，一连几个小时大哭不止，才发觉不对劲。我的同事知道这个情况后，找到了我。

我问："她这样多久了？"

同事答："从中学就这样，三四年了吧。"

我心里暗生惋惜，说："太久了！快让她来找我，不要耽误，越快越好！"

昨天下午，她走进了我的办公室。

她给我的第一印象是明媚的微笑，大方而得体。圆脸，大大的眼睛，亮闪闪的，青春洋溢。总之，是很讨人喜欢的一个姑娘。

我请她坐下，寒暄几句后，说："你看上去一点儿事都没有啊，你笑得多好看。你的笑是发自心底的吗？"

话音刚落，她的眼神黯淡下去，眼睛红了；接着，我看到她的眼泪滚落下来。

她说："很多年了，我的脸在笑，心在哭，我心里是冰冷的。"

以下是她的叙述：

"我从小就内向，不快乐，不喜欢热闹，总喜欢一个人待着。后来，离开家乡到外地上中学，更孤独了。高三时，学习紧张，压力大，实在受不了了，有要崩溃的感觉。什么事情都提不起精神，一直撑到高考。总以为上了大学，学习不那么苦了，环境改变了，会好起来。

"哪知道，上了大学，越来越难受。大学和中学不一样，没人管，班主任一年也见不到几次。同学也各顾各的，没人注意我。同宿舍同学稍微了解我一些，但不理解。她们说我家庭条件好，什么都有，还不快乐，是矫情。

"我知道我自己不正常。但我不想让别人看出来，只有努力去做。我担任校学生会外联部部长，我逼着自己做好。一松弛下来，就很累很累。上午，没有课的时候，我会在床上一直躺着，很久很久。”

接下来是我和她的问答：

“你过去感兴趣的事情，现在还有兴趣吗？”

“我从小就没有感兴趣的事情。我从小到大，所做的一切，都是因为我觉得应该做。”

“那你现在一天当中，一点点快乐都没有？”

“偶尔吧，当我完成一件困难的事情后，会松一口气，觉得快乐。”

“这不是真正的快乐，只是紧张和压力后的放松。真正的快乐是从心底洋溢出来的。”

“是。”

“有没有自己喜欢吃的东西？”

“没有，我吃饭只是觉得应该吃。”

“有男朋友吗？”

“没有。我看很多同学都有男朋友了，觉得自己也应该有。努力过，但没能真正开始。”

“你做事犹豫吗？”

“非常犹豫。一点点小事都想来想去。”

“你自卑和自责吗？”

“是，从小到大，我成绩都很好，所有人都夸我。但我不知道为什么，自己心里很自卑，觉得谁都比我好。”

“有自责的情况吗？”

“是，我遇到不好的事情，会归咎于我自己，后悔、痛苦。”

“你现在和人交往怎么样？怕和人打交道吗？”

“我根本不愿意和人打交道。我害怕打电话。我从小就害怕打电话，能不打就不打。”

“那你怎么能做学生会外联部部长？”

“我强迫自己做。我想得到认可。”

“这样硬逼着自己，岂不是很累？”

“是。”

“你在北京有朋友吗？”

“有几个同学。”

“常见面吗？”

“不常。他们在城里。想到要去那么远，我就害怕。”

“你暴饮暴食是怎么回事儿？”

“有一次，我心里太烦躁了，觉得要崩溃，就拼命吃东西，吃到再也吃不下去了，吐了，才觉得心里好受一些。以后就经常这样了。”

“多久一次？”

“两三天一次。”

“吃什么？”

“随便。大多是在学校的小超市买一堆面包。”

“不挑自己喜欢吃的？”

“完全没有喜欢的概念，就是朝嘴里填。”

“吃什么都一样？”

“都一样。”

“吃到吐岂不是很痛苦？”

“狂吐之后，心里会好受一点儿。”

“能好受多久？”

“也不久。所以两三天就会来一次。”

“那你其实是用一种痛苦来麻醉另一种痛苦？而且麻醉期也很短？”

“是的。”

我的眼泪也几乎要掉下来了。

我沉吟一会儿，直截了当地问：“你想过死吗？”

她又是微微一笑，答：“我想过，死是一件美好的事情。但我没有真正想过去死。我还想活下去。”

我说：“对，咱们要活下去。咱们一起想办法。咱们有办法。”

然后我说：“你知道吗？你的情况一点儿也不特殊，是典型的抑郁症，而且，有一个专门的术语，叫‘微笑型抑郁症’。”

我打开手机，查阅到一条，给她看：

“……微笑型抑郁症属于抑郁症类别，是少部分抑郁症患者的症状。患者如同在抑郁的心境表面蒙上了一层微笑的面纱。他们的共同点是不愿意倾诉、不愿意放弃‘尊严’，从而进入一个恶性循环……”

“……微笑型抑郁症患者尽管内心深处感到极度痛苦、压抑、忧愁和悲哀，外在表现却若无其事，面带微笑。这种‘微笑’不是发自内心深处的真实感受，而是出于‘工作的需要’‘面子的需要’‘礼节的需要’‘尊严和责任的需要’‘个人前途的需要’。”

她微微点点头。

我又说：“你不是心理问题，是病。你排斥去医院看病吗？”

她说：“不。”

我进一步问：“你排斥去精神病院看病吗？”

她答：“不。只要能好起来，我什么都愿意做。”

我的眼泪终于流了下来。

我对她说：“以后，再有人说你不坚强，你不要听，不要信！你很坚强！你一个人在黑暗中熬了5年，太不容易了。再没有人比你更坚强了。”

一瞬间，她泪水哗啦啦涌出，在下巴上聚集，似一条线滚落下来。

不必再说什么了。我站起来，告诉她：“好了，好孩子，下周一，我带你去看病。只要你严格遵医嘱，不怕吃苦，再加上一点点运气，两三个月后，你就会焕然一新。”

“我什么苦都能吃，只要能好起来。我做梦都盼着能好起来。”她说。

下周一带她去求医。以后的事情，以后再叙述吧。

续

今天带这位姑娘去看病，医生诊断为双相。

我大惑不解。据孩子的叙述，她患病5年来，从未有过躁狂或者轻躁狂的经历。

医生为我做了解释：1. 有家族遗传史，多为双相；2. 20岁以下的青少年发病，多为双相；3. 暴饮暴食，属于进食障碍，多为双相的伴生症状，提示双相。

开药如下：劳拉西泮、德巴金、碳酸锂、百优解、阿立哌唑、苯海索。

其中，劳拉西泮是抗焦虑药；德巴金、碳酸锂是情绪稳定剂；百优解是老牌抗抑郁药；阿立哌唑主治精神分裂症，有压躁狂的作用；苯海索又称安坦，作用在于选择性阻断纹状体的胆碱能神经通路，用来缓解前述药物有可能带来的震颤副作用。

为什么如此用药？我起初有疑惑。因为百优解是选择性5－羟色胺再摄取抑制剂，药效较好，但有较强的转躁作用。为何选用它？

后来，医生为我做了解释：这女孩现在最重要的症状是饮食障碍，同时共病双相。当务之急是遏制暴饮暴食。而暴饮暴食属于强迫，百优解是治疗强迫的首选药物。因此，尽管百优解有转躁作用，但也只能冒险选用；而为了对付转躁，则以德巴金和碳酸锂两种情绪稳定剂平衡之。为了保险，最后再用抗精神分裂症药物阿立哌唑来镇压可能出现的躁狂。——这是一个完整的用药逻辑。

抑郁症最早可以追溯到人类的童年时期。当我们的祖先从狩猎文明向农耕文明演进时，一部分不适应这种变化、不能掌握农耕技术的猎人，成为抑郁症最早的受难者。

一位文学青年的来信

这三年，我收到过难以计数的患者或家属的电邮，还有微博、微信、QQ留言。有的寥寥数语，有的长篇大论；有的只说病情，有的还交流思想，直抒胸臆。

这封信，是其中“直抒胸臆”类有代表性的一封。来信者，如他自己所说，是一位典型的文学青年，有着与生俱来的人文情怀。他多愁善感，敏锐自尊，惯于学习，深思自省。他的病程，极具代表性；他对抑郁症的认识，已比较深入；他对命运的抗争，让我嗟叹；他的信中体现出的济世情怀和社会责任感，令我感佩。

征得本人同意，我把他的信略略编辑一下，做了些补充，呈现在这里，意在为抑郁症的治疗，也为我们这个时代，留一份真切的记录。

尊敬的张进老师：

您好！

因为近十年的焦虑、抑郁症状（可能还有强迫），上网找资料时有幸找到了您这儿。浏览了您的博客，五味杂陈、不胜唏嘘。既有对您文采、见识、成就以及作为一位有良知的媒体人担当情怀的敬佩，也有对您所从事的关注当代中国社会进程、推动当代中国社会变革，传播常识、心忧民瘼的新闻事业的一丝向往……

当然，更有对自己当年因为焦虑、抑郁而未能进一步深造的些许无奈。不然，今天，我或许已经在人大、北大或是社科院文学硕士甚至是博士毕业了吧，可以去实现自己的读书、学术梦想；或者，像您那样，去做一名有理想、有担当的新闻人……

发病缘起

说说我的大体情况吧。

您可以叫我小赵，“80后”，从小喜欢读书，尤爱文史哲，成绩一直名列前茅。2005年考入北京一所师范大学的中文专业。2009年考社科院文学研究所研究生失败，回老家当了老师，寄食谋生。出于兴趣，一边教书，一边持续读书。

状态好的时候，我会在课堂上突破教材藩篱，和学生们说文解字，聊聊汉字的源流、演变以及初创时的含义，给学生们讲解一些社会热点问题，培养他们的独立思想、自由精神，做一点儿汉娜·阿伦特所言的公民教育。在我看来，语文课其实大有可教，它应该是有情感的温度、思想的深度和生命的厚度的。但当今的中学语文课，多少老师在那儿照本宣科，生气全无……

言归正传，还是说说我的抑郁、焦虑的事儿吧。

事情要从我读高中时说起。十年前，班上转来一位男生，非常用功，考试成绩慢慢超过了我。因为天性中的完美主义、敏感、细腻、要强，不服气的我和他展开了超级恶性竞争。我们之间的关系非常紧张并且公开化，我始终处于下风，感觉压力巨大，开始焦虑、自卑、自责、自罪。而班主任为了激发我们俩的斗志，故意安排我们坐在一起。多少年后回想起当年和他坐在一起时的焦虑、自卑，依然刻骨铭心。我感觉自己就像一只兔子，在随时可能扑过来的老虎身边待着，一待就是两年。那么，这只兔子的精神、情绪还能正常吗？

就这样经过三年，我的性格全变了，紧张、自卑，总把别人当作假想敌。大学四年我每天都是独来独往，埋头读书，对他人充满了戒备。同时，由于读了鲁迅、尼采的书，整个人悲观、颓废，愤世嫉俗，还自以为深刻，呵呵。

直到大三着手考研时，才发现自己陷入空前的焦虑，根本无法投入学习。那时我高度近视，戴1200度的眼镜，这种焦虑投射到我对眼睛的担忧上，总担心自己会不会忽然瞎了。这种焦虑根本控制不住，以至于后来泛化到看任何东西，都会担忧自己的眼睛。我开始胸闷、头痛、心慌、心悸、气短，注意力无法集中，健忘、说话困难、行为懒散。

艰难自救

在同学们的讶异中，我考研失利，痛彻心扉，彻夜难眠。没办法，卷铺盖回家吧，先活下去再说。

回到老家后，虽然焦虑、抑郁状态依然，但凭借多年所学，还是顺利通过考试，当上了老师。之后，由于焦虑、抑郁状态频繁间歇性发生，我把大量时间、精力花在了研究自己的情绪上，进行自我疗伤。通过几年的认知疗法、森田疗法、内观疗法等，我的思想认知、精神状况有了很大的改观，不再像原来那么悲观、偏激、愤世嫉俗。

没想到，更大的焦虑还在后面。2013 年我找了一个女朋友，接触了一段时间，相互感觉不错。有一天，忽然脑子里迸出一个念头：对方会不会是艾滋病携带者？由此，我开始了恐艾之旅，再一次陷入巨大的恐惧、焦虑、抑郁。严重时，甚至觉得全世界人人都是艾滋病携带者。明知这样的念头荒唐，但就是控制不住。很自然地，恋爱告吹。我也进入“状态正常——恐艾焦虑抑郁——状态正常”的循环之中。

接下来说说我的心理咨询和用药经过：

虽然高中时种下了病根，到大三复习考研第一次出现焦虑抑郁（甚至强迫）等症状，我并没有意识到这是生理性病变，需要吃药。从 2009 年到 2013 年，我一直都在自学心理学，以及进行网络咨询：

1. 2008 年怀疑自己是强迫症，开始自学森田疗法。遵循“顺其自然，为所当为”的原则，带着对眼睛的担忧去用眼，逐渐脱敏。到 2010 年夏天，对高度近视的恐惧、担忧完全消失。

2. 2011 年接受湖南一位咨询师的远程咨询，为期半年，一周一次，花费近 7000 元。咨询师本身曾经是严重的神经症患者，后来通过自学儒释道传统文化痊愈。有一定效果，矫正了自己的偏激悲观、完美主义的一些认知观念。

3. 2012 年接受过重庆一位催眠师的催眠治疗，见效似乎不大，后中途放弃。

4. 2013 年接受过北京一家业内知名的心理咨询公司的远程治疗，学习领悟“对神经症的接纳”，有一定效果，花费近 6000 元，为期半年。

5. 2014 年 2 月接受内观疗法的心理咨询，练习动中禅，通过觉知动作，保持活在当下的正念，看清引起焦虑恐惧的强迫念头的本质。中途有中断，现又在练习，感觉效果不错。

咨询感受：如果是抑郁症患者，吃药应该可以彻底好转。但像我这样的抑郁、焦虑、强迫症状共存者，在吃药的同时，必须进行心理治疗。我曾经有一段时间，吃药效果非常好，后来药物忽然失效，恐艾强迫观念来了，重新陷入巨大的焦虑、恐惧状态。所以，对于焦虑症、强迫症等神经症，必须结合心理治疗，心理治疗才是治本之策。

用药经过：

1. 到了2013年，发现反反复复发作终究不是办法，开始考虑吃药。8月份去北大六院看病，那些天我的精神状态正好不错，所以心理检测结果显示“无焦虑、抑郁状态”。大夫给我开了舍曲林，回家之后，服药不规律，断断续续吃了一个月，感觉不见效，就停服了。

2. 2013年10月，电话咨询北京回龙观医院一位大夫，他建议我服用盐酸帕罗西汀，可惜我服用不久又停服了。

3. 2014年4月，通过好大夫网站电话咨询了南方医科大学珠江医院一位大夫，给我开了度洛西汀及一些辅助用药。刚开始吃非常管用，整个人在一周之内恢复到正常状态，真是几年来从没有感觉过的轻松。吃到大概一个月后，可能潜意识里对药物副作用的担心，我开始故意漏服，大概又过了两个月，有一天状态忽然不行了。后来又换成黛力新、文拉法辛，效果都不明显。

疑惑待解

以上就是我这十年来一直到今天的情绪状态和咨询、用药过程，我的疑问如下：

1. 依您的经验，我是抑郁症？焦虑症？还是强迫症？还是双相情感障碍中的轻躁狂呢？我这些年，状态时好时坏。发作时候就是以上症状，通过认知疗法想通一些问题后，情绪状态会好一段时间。这段时间内我是很自信的，感觉自己在人群中交往很大方得体，很愿意和别人交往，做什么事情也得心应手，有积极性主动性，但也感觉没有过分之处。

状态好的时候，大脑里想法很多，时不时会想到很多各种幽默的点子、笑话，我不知道这算不算思维奔逸；我原本的性格虽然不是活蹦乱跳阳光外向，但感觉也不是特别内向自闭。虽然比较慢热，和哥们儿弟兄们在一起也能放得开；但或许哪一天，一个焦虑的念头忽然从脑子里迸出来，可能又陷入焦虑抑郁状态之中。

综上，我不知道这是单相抑郁症还是双相轻躁狂？单相抑郁不经吃药，会一直间歇性好转又发作吗？

2. 不管哪一种情况，我已经不算第一次发作了吧？十年之中，状态老是好一段差一段，尤其出现症状的近五年来，经历过无数次焦虑抑郁状态的发作，头痛心慌注意力无法集中等，搞得自己生不如死，无数次想不如死了算了。当然，只是想想而已，从未实施过。经过森田疗法、认知疗法、内观动中禅修习等，熬一段时间就过去了，情绪又会哪一天忽然好起来。

也正是因此，加上对药物副作用的恐惧，一直没有及早吃药治疗，直到现在才认识到药物治疗的重要性。现在吃药，我估计需要终身服药了吧？

3. 现在回头看，我之前吃药太不规律了，难怪控制住又复发。像起初吃的盐酸帕罗西汀和舍曲林，一天一片，吃了一个月，我想应该都没做到足量足疗程。后来奥思平非常管用，但只规律服药一个月，就断了，想起来两三天才吃一次，这可能是导致后来复发的重要原因。

再后来，吃奥思平忽然不管用了，我想可能还是剂量和疗程的问题，太心急了。

4. 说说我的个性，典型的文人性格，从读书到工作，一直是众人眼里的才子。具体表现为内心敏感、细腻，有些追求完美；思考问题特别容易深入，慢热；做事情谨慎、稳重、崇尚脑力劳动，经常思考生活的意义；对生活中的集体聚会、吃喝玩乐不是特别热衷，最理想的生活是做一个经济独立、自由思想的读书人。

如果不是因为性格基础造成的抑郁、焦虑，其实我还是很喜欢自己的性格的。我这样的性格，应该是遗传自我妈，她就是一个对文字特别有感觉，又极度追求完美的超级完美主义者。个性谨小慎微，每次出门锁门都要锁好几次，其实早已经锁好了。只不过她生活中没有遇到什么突发事件，所以没有发展到焦虑、抑郁。

张老师，看您的博客，您在自己康复之后开始对抑郁症群体的关注，对抑郁症知识的普及，以及对抑郁症网友的帮助，体现了一个有责任感的知识分子超越性的社会关怀。确实，在剧烈转型的当代中国，抑郁症是一种时代病，疾病背后隐喻的一系列社会问题都引人深思。对此，长于思考、心怀家国的知识分子无法做到无动于衷，正如您博客中引用的鲁迅那句话，“无尽的远方和无穷的人们，都与我有关”。

写得很长了，辛苦您拨冗回复，并向您的情怀、坚守（呵呵，是否说得有点儿悲壮，都是大词），一并表示真挚的敬意和感谢！

我的回复如下：

小赵，来信收悉。感谢你对我的信任。

我觉得你对抑郁症等的认识已经比较专业了。我基本同意你的判断：你的病，抑郁、焦虑、强迫、双相的迹象都有。双相不太明显，但可能是软双相。有最新研究表明，20岁以下抑郁发作的患者，很大可能就是双相。

至于复发，你也说得对，很可能已经经历了两次以上的复发。原因，也如你所说，可能和治疗不彻底、服药没有足量足疗程有关。

下一步，我建议你正规、系统治疗。到一个比较好的医院，找比较专业的医生，从头开始，坚持不懈，会有效果的。

最重要的是保持信心！

祝你好运！并祝你能实现你的人文理想！

张　进

2015年3月3日

橡皮人

我约她在日坛公园南门见面。她曾是我的旧部，已失散多年。这些年，媒体圈风舒云卷，离乱纷起；身边的同行、师友，走马灯变幻。有的人升迁，志得意满；也有人失意，潦倒落寞。熟人中突然消失了几个，又有谁记得呢。

前两天，突然看到她在朋友圈发言，才想起不见她已有经年。她的话，寥寥几句，大意说，因为生病，一年多没和外界联系，把很多朋友都拉黑了。我觉得不对劲，怀疑她是抑郁症，于是电话她，一定要见面。

这天，丝雨如烟，日坛公园南门外水光满地，倒映着青砖红墙。她从雨中匆匆跑来，头发披散着，被雨水打湿成一缕一缕。那衣服似乎也很久没换了。

毕竟我是她职业生涯中的第一个编辑，共事多年，感情犹在。无须寒暄，她把她的情况对我和盘托出。

地狱和天堂

她果然是抑郁症，而且可以追溯到 5 年前。发病诱因是多年高强度的工作，以及生活在一个强控制型家庭。第一次发病时，她曾到安定医院就诊，医生给予心理疏导，判断她的抑郁是应激性的，无须用药。医生嘱咐她，注意保护自己，离开施暴源头，慢慢会恢复的。

五年来，她的病情至少起伏了三次。完全正常的时候少，更多是在低落和亢奋的路途上。高涨的时候，精力充沛，工作拼命，能够夜以继日出差，追踪新闻人物；可以同时参加多项活动，读书、读学位；体力健旺，能够野外穿越、跑马拉松。然而，好景不长，很快会从亢奋跌落到抑郁。最严重的时候，一连数天、数月蜷缩在房里，整日躺着，和外界的联系自然中断了。

听完她简述病情，我心里一紧。我判断，这不是简单的抑郁症，而是双相情感障碍。我向饭店服务员借来一支笔、一张纸，为她描画病情起伏的轨迹。

根据她所说，病得最重的时候，做任何事情都像有摩擦力，很难，包括洗澡、刷牙、剪头发。“我大概有三年没有剪发了，一直拖延、拖延，长发早已及腰，干枯分岔，纠结在一起，一如我的人生。我头发很少打理，今天来见你才稍微梳一下。”

“你现在头发并不长啊。”

“前几天刚剪的。从想剪到下决心剪好，大概花了四个月时间。”

除了情绪上的压抑、低落，躯体症状也很明显。她说，严重时，疲惫、胸闷、心慌，稍微运动一下就心悸。有时躺在床上，心也会“怦怦”跳。

她一边说，我一边记，一边画。言毕，一张她的情绪涨落图清晰呈现出来。其中几个重要的转折点，她都可以说出具体的时间和相关事件因素。

我指着这张图告诉她：“你刚才说，你是间歇发作，其实不是。如果你是单相抑郁，发作了会恢复；而后再发作，再恢复。这叫间歇。但你这样，忽高忽低，一会儿天堂，一会儿地狱。这不是间歇，而是循环，是躁狂和抑郁的循环。”

我大着胆子说：“我判断你这是双相。但我不是医生，说了不算。你应该去医院确诊。”

“我知道可能是双相。”她听了并不吃惊，但又说，“我现在不想用药物治疗。我看过你的文章，说抑郁症是一种异质性疾病。那么，治疗的方式也应该不止用药这一种。我忍了五年的痛苦没有吃药，是想寻找不一样的治疗方式。”

她看着我，诚恳地说：“张进老师，请让我去尝试探索，哪怕我现在很狼狈。这也是我的权利。”

尝试心理治疗

接下来，她叙述了探索心理治疗的艰辛历程。

“我觉得，抑郁症不能碎片化处理。导致发病的应激事件只是诱因，应该有更深层次的心理机制。追溯根源，直接修复内心的创伤，是更本质的治疗。”

她告诉我，五年前，她就开始看心理医生。医生是用精神分析疗法和催眠疗法治疗。在催眠中，医生会引导她内观自己，一层一层看到自己的人格。这样，抑郁症的病因——内心的伤口，可以一点点地得以修复。

“抑郁症的治疗是系统性修复工程。药物治疗是生理修复，心理治疗是在潜意识中修复，还有在现实中的保护和修复。几种治疗手段是可以相辅相成的。”

按照她的治疗方式，意识到自己得了抑郁症后，首先要反思，探寻内心过度吸取生命能量的部分。可能是童年的阴影，长期超负荷的工作；也可能是不幸遇到控制型人格的家人，或者长期以来某个创伤突然发作。

其次，给自己创造一个安全的环境，尽量避免接触创伤源头。她特别幸运，在多年高强度工作后，遇到了一位宽容的领导，容忍她的工作强度大大降低。“能发病说明潜意识觉得目前这个环境是安全的。”

随后，按照医嘱，她找了一位心理咨询师，用精神分析疗法和催眠疗法介入治疗。

精神分析的治疗也是循序渐进。最初从舒缓情绪开始，几个月后第一次有了显著疗效。

那天，医生给她催眠。在医生的引导下，她闭着眼睛，在潜意识中看到了一棵树，树干上插着一把剑。这把剑，剑头朝外。医生要她把剑拔出来，她拔不动；在医生的鼓励下，她努力地拔啊拔啊，“轰然”一声，剑终于被拔了出来。这时她从梦中醒来，全身轻松。

自那以后，她从一个性格偏压抑的乖乖女，变得容易发怒。“抑郁是内向的，愤怒的能量都指向自己；这次治疗后，我开始学习不那么压抑自己。但中间也有很多反复，大概一年多，性格才慢慢稳定下来，变得温和而坚定。”

她用“定向爆破”这个词，来形容治疗的过程。“在成长的过程中，攒了很多负能量和创伤。平常都在潜意识中不被重视，抑郁症让我们有机会回到潜意识，看到自己的伤口。”

听完这些理论，我一时无从评述。我对她说：“抑郁症是一种带有自限性特征的疾病，也就是说，即使不做任何治疗，也有可能暂时缓解。你能确定，你的潜意识治疗有效果吗？”

“我和心理医生一起努力，总会治好的。”她说。

我说：“如果治好了，那就不应该再反复。你试了五年，但一次次循环重复，而且好像周期越来越短，抑郁的情况越来越重。”

她说：“心理治疗是一个漫长的过程。在潜意识中，伤口是一层一层的，需要逐步恢复。我这五年也是一点点修复伤口。这次是我定向爆破，主动打开这个伤口，往下再走一步，所以这一轮症状比较重。不然我也会和常人一样正常生活。”

听了她的话，我觉得有些玄妙。我知道，心理学博大精深，心理治疗更是一门独特的技术，简直可以说是在和上帝与灵魂对话，她怎么能这么快就掌握？

听我这么问，她的目光越过我的头顶，似在凝神思索。她断断续续给我讲了一个故事。

潜行于意识之流

一天，催眠中，在咨询师的陪伴下，循着意识之流，她在自己的人格中一层一层下行。

她说，潜意识也是有层次的。以往，她都是在较浅的意识层面治疗，这一次，她要到潜意识的更深处去“定向爆破”。

她一路潜行；最后，在一个地下室的水牢里，看到了一个橡皮人。

“橡皮人？”我惊讶。

“对，是橡皮人，一个穿着超人衣服的橡皮人。”

“这意味着什么？”

“这个橡皮人，忠实守护着我的防御机制。小时侯我缺乏保护，自己生成了一个自我防御机制。它的承受力、爆发力、耐力极强，常救我于危难之中。”

“那又怎么样？”我问。

“抑郁症发作往往是身体的自我保护，是潜意识实在不愿意忍受生命能量被剥夺。在地下室看到橡皮人，意味着我的人生已经开始改变。在意象对话中，我理解了自己很多行为模式，看到了自己这么多年默默承受的部分。我看到了自己的伤口，在修复的过程中，蕴藏的负能量会释放，引发身体反应。心灵在重新整合，新的人格在孕育。”

她告诉我，那天，看到橡皮人后，第三轮抑郁暴发。她又将自己缩进了“乌龟壳”，与大部分朋友断了联系。按她的说法，这叫“闭关”；熬了几个月，现在终于“出关”了。

“那橡皮人呢？”我问。

“我感激这个超人给我这么长时间的保护。它支撑我走过最艰难的岁月，支持我一点一滴进步。如今我成长了，它太累了，而且我现在的支撑足以保护我自己，它去休息了。”

祝愿，唯有祝愿

最后，她非常诚恳地对我说：“张进老师，你再给我一段时间。我暂时不想用西医治疗。西医要吃药，吃那么多的药，而且药物的副作用我也受不了。我还是想继续用心理疗法。”

看着她虔诚的面容，我说：“好吧，你再试试。如果这次不行，或好了又反复，那你就立刻来找我。”

“好！”她松了一口气，明显高兴起来。

一个月后，她的症状好转，已经可以正常生活和工作。她给我发来微信："抑郁症是一次闭关修炼和重生的过程，我的生命前半段是乖乖女，后来抑郁让我解脱，明白了一个人修复创伤的重要性。"

不过，我仍然担心她将来再反复。她看出我的担忧，说："我的治疗主要依靠另外一个理论体系，就是关注海底是不是有火山爆发或者地震。将海底的伤口一一修复好，海平面的风浪就不会太大了，起起伏伏也是可以接受和调整的。"

她继续说："不要把抑郁症单独当成一种病，可将其看作生命成长中一段特殊时期。我希望我能够继续修炼，重新承担生命的责任。心灵成长是一条少有人走的路，我在享受心灵成长和修复的快乐。它需要发自心底地接纳，生命的力量就这样注入了我的心。"

"我要自己运转。希望下次你看到我，我在发光。"她说。

我一时无法判断她的话，但看她这样自信、振奋，神采飞扬，还是为她高兴。

祝愿，唯有祝愿。

对赛娜遗言的分析

2013年2月16日夜，一位网名叫“sienna赛娜”的女孩，在她的微博上发表了一段遗言，后被证实自杀。

她的遗言短短400多字，冷静、理智、清晰、痛楚。我反复看了多遍，感伤和痛惜之余，感觉她对抑郁症有很多认识误区。假如不是这样，也许她就能坚持下来，走出黑暗。故对她的遗言做一些解析，以为后来者鉴。

先实录她的遗言，共两段：

抱歉很多事情没来得及处理和交代就离开。抑郁症太痛苦，世界变得黑暗扭曲，再努力也感受不到任何美好，想什么都想到死。姥姥在叫我，应该就要精神分裂，实在熬不住了。再见，大家。

并非新闻报道通常说的想不开或某种压力过大而轻生。已经抑郁多年，一直没法完全感受到正常人的乐趣和追求，只是以为自己生性冷漠被动。元旦高烧三天后，开始经历抑郁症暴发，整夜失眠，兴趣欲望全部消失，抗拒交流，变得邋遢懒惰，身心状态全面恶化。春节前在安定医院确诊为重度抑郁症，发展至今失去大部分记忆、思考、交流和行为能力，没有方向感，无法组织语言文字，大脑仿佛被绑架，甚至连点餐和发邮件都难以顺利完成，药物治疗的副作用更像恶狗噬咬身心。现在意识已经濒临分裂边缘，入院是唯一选择，但明白医治这精神癌症耗时耗财而且效果难以保证，即使有幸痊愈，失去工作能力的前精神病患者在现今社会也难以谋生，更害怕长期服药和随时可能复发的阴影相伴终生。自知不属于意志力强大人群，无力继续与日夜不断的恐怖体验纠缠，不愿就此生活在议论和同情中，亦不愿给脆弱的家人再增加长期照料病人的精神和经济负担。责任和道理我都明白，也曾尝试自救，但身心脱离自我控制，时刻被绝望和无力困扰，滑向黑暗深渊的痛苦实在不堪忍受，反复思考后还是选择自行结束。请大家理解我的挣扎和无奈，原谅我的自私和懦弱。再见，爱你们。

➢ “世界变得黑暗扭曲，再努力也感受不到任何美好，想什么都想到死。姥姥在叫我，应该就要精神分裂，实在熬不住了。再见，大家。”

分析： 尽管精神分裂症和抑郁症都与神经递质有关，但两者完全是两种不同的病。精神分裂症被猜测是大脑中神经递质多巴胺失衡，抑郁症被猜测是神经递质血清素和去甲肾上腺素失衡。通俗地说，它们是两股道上跑的车，不会相遇。抑郁症不可能变成精神分裂症，精神分裂症也不会变成抑郁症。

当然，抑郁症严重到一定程度，可能出现精神症状，称为“伴有精神症状的抑郁症”；而精神分裂症患者在发病前可能会有抑郁状态，在康复期也可能出现抑郁症状。但两者是不相通的。

赛娜说“姥姥在叫我”，应该是一种假性幻听，这与精神分裂的妄想、幻觉有本质区别。赛娜的遗言中两次提到精神分裂，如果害怕即将到来的精神分裂是她选择自杀的一个原因，这多么让人痛惜！

➢ “医治这精神癌症耗时耗财而且效果难以保证……”

分析： “精神癌症”之说，实在是自己吓唬自己。抑郁症虽然可怕，但国内外统计已经表明，有三分之一的抑郁症患者可以完全治愈，终生不会复发。

如果患者及时就诊，配合治疗；假如再用对药，最快一个月内就可以缓解。

➢ “即使有幸痊愈，失去工作能力的前精神病患者在现今社会也难以谋生……”

分析：抑郁症不是精神病，只是一种情感障碍。不要自己给自己戴上精神病的帽子。而且抑郁症只是大脑的功能性失调，并非器质性病变，不是永久性损害。

赛娜叙述她在病中，“失去大部分记忆、思考、交流和行为能力，没有方向感，无法组织语言文字，大脑仿佛被绑架，甚至连点餐和发邮件都难以顺利完成”——这是残酷而真实的叙述，但这一切都是可逆的。病愈后，智力、记忆力、决断力，等等，不会受任何影响。原来有多聪明，还是有多聪明。

➢ “更害怕长期服药和随时可能复发的阴影相伴终生……”

分析：抑郁症复发率确实较高，但复发都是有原因的。其中最主要的原因是自行停药。如能做到遵医嘱，坚持服药，同时进行恰当的心理治疗，一般不会复发。

当然，坚持服药，说起来容易做到难。尤其是病愈后，还能坚持服药更加不容易。

➢ “现在意识已经濒临分裂边缘，入院是唯一选择……”

分析：住院并不可怕。如果是重症患者，住院会有更多的治疗手段。比如做无抽搐电休克疗法（MECT），并无太多的痛苦，见效较快。再辅之以药物治疗和心理治疗，即使重度患者也能很快摆脱抑郁。

森田疗法主要适用于强迫症、社交恐惧症、广泛性焦虑、惊恐发作等，其精髓是八个字：『顺其自然，为所当为。』

后　记

免于恐惧

本书选择在这个时节出版，是有特别含义的。三年前的此时，我罹患双相情感障碍，病重而不自知。在月极大的毅力完成了最后一篇封面文章《追求效率民生》，又挣扎着为“两会”报道编了几篇小稿后，终于在 2012 年 3 月 12 日这一天轰然倒下，开始了长达半年的病程。

一晃三年过去，回望当时的苦痛，恍如隔世。我曾经读过一句话，大意是说，一种病痛，其本身就包含着治愈的力量。对于精神类疾病来说，更是如此。如今，我可以比较有把握地确认，经过两年多的调整，我已经从人生的最低谷攀升而出，重建了我的生理体系、心理体系和社会关系体系。

具体说来，大约有这几个变化吧。

（一）

首先是体能的提高。

从病愈后第一天起，我就开始了体育锻炼。两年半以来，除了出差去外地，无一日间断。渐渐地，体力健旺，身体轻盈，走十几公里山路不觉得累；不怕冷，洗冷水澡一直坚持到 11 月中旬，即使感冒，一天就好。不久前体检，所有生化指标都处在正常值的中段。

体育锻炼的好处人尽皆知，问题在于难以坚持。我的体会是，最开始要制定任务，用毅力强逼自己完成；慢慢任务变成了习惯；最后习惯变成了享受。到第三阶段，就不需要“坚持”了。

如今，锻炼已经成为我每天的必修课。一日不动，临睡前就似有所失，一定要补上才能踏实。晚上，在公园锻炼，穿行在树的暗影中，耳边风声飕飕，身体轻盈得似乎消失，竟会有一种冯虚御风的飘浮的感觉。

（二）

其次是脑力的提升。

一般来说，精神类疾病对脑力多多少少会有些伤害，对此我已有心理准备。可是，莫名其妙地，从 2014 年 5 月，也就是我开始写作《科普抑郁症》系列8篇、接着写作《旧事新叙》系列8篇时，我隐隐约约感觉到，写作越来越顺手，表达越来越精确，感受力越来越灵敏，联想力越来越丰富。再往后，到2014年下半年，创造力（包括摄影）呈井喷态势，两三天就会写一篇文章，体裁多种多样，质量也能维持在一个水平线上。

那一阶段，我处在一种奇妙的状态中。内心情感滚涌，目眩神迷；对美的感受随处可掬，对生活的感激接踵而至。整个人都置身于发现之中。就像日出的光芒驱散了黑暗，灵感在那一刻源源不断而来。

我曾怀疑过这个变化是否真实。经过反复对比（我几乎重读了此前写的所有文章），我确认了这个事实。

那么，如何解释？结合我在精神领域所学，我提出了三种假说：

第一，我的脑力本来就是这么高，只是过去多年一直处于慢性病程中，智慧被疾病遮蔽，而今只是恢复到本来状况而已；

第二，患病后，治疗过程改变了大脑的某种结构和功能，而这个改变，幸运的是朝向好的方向，刺激和提升了脑力；

第三，我自以为现在状况很好，其实是处于双相的轻躁狂期，表现为脑力的暂时提升。也许不久的将来，又会跌入相反方向的抑郁中。

这三种状况，第一种和第二种都是好事。但是，如果是第三种，则前景堪忧。出于对第三种状况的担忧，有一段时间，我时常会有一种紧迫感。就是要抓紧这段好时光，拼命写。不然，不知道哪一天，状态就跌回去了。

2015 年春节，向姜涛医生拜年时，我对他叙述了我的三个假说。姜涛说："你的三点总结是有可能的，但是躁狂状态一般不产生创造力与生产力，短期会有效率的增加，但是后果不佳。所以长时间考察的结果就是你与躁狂无关。"

至于原因，姜涛说："这应该是你本身潜能巨大，通过疾病恢复把很多潜能释放出来了，这个在我这里也有很多例子，并不是什么奇迹。就是中医说的可能是在疾病期与恢复治疗过程中打通了一些筋脉或经络，人一下就变得聪慧了。"

不过，姜涛说，这也不会是经常发生的，因为，"首先他要有积累沉淀或储备了足够的潜能"。

这番解释，让我如释重负。

（三）

除了脑力的提升，还有记忆力的变化。这是在两个方向：短期记忆力下降；远期记忆力增强。

如今，我眼前的事情，尤其是数字、人名、地名，几乎转眼就忘。我绝不敢相信自己当下的记忆，一定要记在纸上才放心。

姜涛医生对此的解释是："大脑皮层活跃，不稳定，刻的印子比较浅，形不成深刻记忆。"

至于远期记忆力的提升，可能更难解释。

不久前，我的大学同学建了一个群。一天，叙旧时，提到32年前，同学们曾经办过一本刊物《南大中文》。说话间，那本发黄的、纸张粗糙的油印刊物，突然在我脑海里浮现；我当即报出其中有哪几篇文章，是哪几位同学所写，甚至复述出文章开头的几句话；接着我想起我和一位同学去采访某位老师；那位老师住在一个筒子楼里，我们穿过狭窄拥挤的走廊时，黑暗中有一个光着膀子的男人在做饭，用的是煤油炉，煤油味扑鼻而来……

我毛骨悚然。我实在不知道脑子里居然还存着这些东西。由此我推论：记忆力是很强大的，很多事情我们自以为忘记，其实它只是躲藏在大脑的某个地方，说不定什么时候，它就会被挖掘并浮现出来……

（四）

但以上这一切不过是皮相之议。

相较于生理，最深刻的应该是精神世界的变化。今日我能够发自内心地说，精神类疾病，包括抑郁症、双相等，都是有积极意义的。它让你停下快速前行的脚步，盘点自己的人生，重新审视自己，发现自己，从而更自信地面对世界。

为什么？我悟到：人的精神世界，是有着坚硬的外壳的。无论别人还是自己，都很难深入自己的精神世界，遑论改变？并非情愿地，一次彻底的精神疾病治愈过程，有可能打破这个坚硬的外壳，让大脑功能从失衡到平衡，相应地精神结构也会发生变化；而精神结构的重塑，则可形成良性、积极的情绪、意志、认知、思维模式，使心理状态得到改变。

从现实角度看，一个人在病程中，会暂时失去很多社会功能，但大脑从未停止思考。既已陷入人生最低谷，就不必再粉饰和虚夸，而可以直面内心，用手术刀解剖自己，梳理人生成败得失。

人生在世，最负面的情绪是恐惧。所以罗斯福的“四大自由”中，有一条就是“免于恐惧的自由”。而恐惧的原因是害怕自己不够强大。其实，强大和弱小，都是相对的；追求外在的强大没有止境，唯一能做到的是内心的强大。

每个人心中都有一堵墙，同时都有一扇门。这堵墙是自恋、恐惧、封闭，把自己和真相隔开，看不见世界的真实存在，看不到自身更大的力量。只有推倒这堵墙，或打开通往墙外的这扇门，让外在的光亮照进来，或点亮你心中的光，你才能看清自己的内心，让真相自然映现。

有时候，我甚至认为，抑郁症或者双相，其实是精神力量整合的一个契机。是停下原来的脚步，静观并重组。两年半来，我经历了人生的第二次成长。好比从自己抽身而出，从高处来直面自己，俯视前后左右、过去将来。

我想，每个人都可如此。假如你能对自己洞若观火，你就可以更加自信和从容地面对这个世界，真正强大起来。——你也就会无所畏惧。

两年半来，我一直没有停止对自己的重新认识。完成这篇文章后，我的反思基本完成。人们穷其一生，都不会结束对生命的永恒追问，在奔向知天命之年时，我有此认识，并不算晚。——子曰：朝闻道，夕死可矣。

今天是 2015 年 5 月 6 日，在二十四节气中属立夏。“斗指东南，维为立夏，万物至此皆长大”，立夏意味着春天已去，炎暑将至，万物繁茂。生命勃发的季节到来了。

写到这里，已是深夜。窗外，暑气梦境般流淌，它浸润着人类的眼睛和心灵。我写过，且释然，人生一段往事，就此滑向生命深处。大起大落，大喜大悲；遥远荒僻的沉静中的地方，你或许能找到昔日苍劲时日的美丽回忆，那种种强烈的情感和矛盾，早已熟稔的幻想、熟稔的悲凄……

让我们怀有感恩之心，珍惜生活吧。

谨以此书向那些慈悲为怀、帮助患者重见天日的医生们致意；

向那些曾经饱受折磨，最终逃出生天的胜利者们致意；

向那些正在饱受折磨，但咬紧牙关不言放弃的坚持者们致意；

向那些和自己的亲人一样饱受折磨，在求治之路上辛苦辗转的家属们致意。

晚安。

张　进

2015 年 5 月 6 日夜

附录一

失守抑郁症

上篇：摆脱误区

清晨6点左右，大街上行人稀少，北京市德胜门外安康胡同，中国第一所精神卫生医院——北京安定医院已经热闹起来。门诊大厅长椅上坐满了患者，到7点钟开始挂号时，大厅已人流如潮。

在主任医师姜涛的诊室外，病人排起了长龙。这位在"好大夫在线"网站上颇受患者好评的医生，主治抑郁症。当天的号早已被预约完，还不断有患者敲门要求加号。到上午10点，他的号就加到70多个。

"病人比以前大幅增加。"姜涛告诉财新记者，长期以来，北京安定医院主要治疗精神分裂症，在接诊的患者中，70%被诊断为精神分裂症。近年来，抑郁症患者的人数已经超过了精神分裂症患者。2006年，安定医院特设抑郁症治疗中心。目前，抑郁症患者人数已经占到了全部患者的一半。

姜涛的观察，与不少地方精神病流行病学调查的结果相符。上海市精神卫生研究所医生费立鹏结合全国六个地区的流行病学调查数据，在国际医学杂志《柳叶刀》上发表了一篇文章称，中国抑郁症终身患病率为 6%，远高于精神分裂症的 1%。

北京大学精神卫生研究所医学博士刘津，如此概括全国抑郁症的状况：“抑郁焦虑增多，门诊量大概 50%、住院综合科大概 40% 都是抑郁症。”

抑郁凶猛

前央视主持人崔永元回忆说：“抑郁症离我很近，近得像亲兄弟。……有四五年的时间，我抑郁并活着……抑郁症病人有多苦，不说也罢。”

2012 年 8 月 22 日下午，在罹患抑郁症半年后《人民日报》文艺部编辑徐怀谦从高楼纵身一跃，结束了自己的生命。

这是半年内第二起进入公众视线、因抑郁症导致的自杀事件。3 月 20 日，南京女孩“走饭”自杀一天后，她生前利用“时光机”（可定时传送信息的软件）发布遗言，在她的微博页面上显示：“我有抑郁症，所以就去死一死。”

这句仿佛来自另一个世界的留言，被活着的人们转发了 3 万多次，留下 16 万条评论。

死者已矣。生者往往难以体会他们生不如死的痛苦。其实，只要随便查一本医学相关书籍，就可以得知，“抑郁症是一种常见的心境障碍，可由各种原因引起，以显著而持久的心境低落为主要临床特征，且心境低落与其处境不相称，严重者可出现自杀念头和行为。多数病例有反复发作的倾向，每次发作大多数可以缓解，部分可有残留症状或转为慢性”。

前央视主持人崔永元曾经罹患抑郁症。他后来回忆说：“抑郁症离我很近，近得像亲兄弟，医书上描绘的大部分病症我都具备了，还有即兴发挥的部分。有四五年的时间，我抑郁并活着……抑郁症病人有多苦，不说也罢。”

即使顽强地活着，抑郁症患者的生活质量也极其低下。

在持续的低落情绪下，抑郁症重度患者往往伴随严重的躯体障碍：头疼、头晕、心悸、气短、乏力、失眠、胸闷、胃痛、腹胀、便秘、食欲性欲减退，等等。“自杀的抑郁症患者，自杀前六周一般都看过很多科，什么心内科、消化科、胸内科、神经内科、内分泌科看了个遍，10% 到 20% 的患者查不出生理问题。这其实是抑郁症的躯体化表现。”北京大学第六医院（北大六院）医生唐登华说。

伴随着躯体症状，患者的精神状态逐渐走向低谷。最常见的症状是情绪低落，兴趣减少，大脑活动障碍，自我评价降低，自责自罪，社交恐惧，无助绝望。这样的状态下，部分病人选择以死解脱。

在安定医院门诊部，一位 60 多岁的女患者在女儿的陪同下前来就诊。她有 20 年抑郁症史，每年至少发作两次，曾两次自杀未遂。她经常随身携带安眠药和遗书。“死亡对我来说是很幸福的事情。”她说。对于中重度抑郁症患者，似乎只有自杀才能终止绵延的痛苦。

与其他发展中国家一样，中国的抑郁症患者很多得不到专业治疗。1990 年，中国仅有 5％ 的抑郁症患者得到治疗，而美国同期的数字为 35％。2003 年，覆盖北京市的抑郁症流行病学调查显示，抑郁症时点患病率为3.31％，终身患病率（调查时无症状，但曾经有过症状）为6.87％。这意味着，以北京市1278万人口计，在2003年4月这一时点，全北京有近87.8万抑郁症患者，其中近42.3万处于有症状期。

庞大的患病率导致经济损失严重。2007年，美国加州伯克利大学卫生经济学教授胡德伟联合上海市精神卫生中心测算出抑郁症各项成本：中国抑郁症一年总损失达513.7亿元，其中56.2亿元为医疗费用，此外都是“间接成本”，包括患者因病失去工作或不得不调换工作带来的损失。

这项调查显示，抑郁症人均年医疗费用预估为2957元，18%的受访者在过去一年中失去过工作；6%的受访者调换过工作；40%的受访者尚能保留工作，但减少了工作量。受访者平均每月损失工资1169元，接近当年的社会平均工资1183元。在全国范围内，抑郁症造成的全年工资损失达159.92亿元，调换工作成本为1.14亿元，减轻工作量损失为183.54亿元。

因为抑郁症自杀而导致的过早死亡，也带来经济上的损耗。据测算，农村间接损失为43.03亿元，远超城市的8.11亿元。

火星与熊熊大火

轻度抑郁症可以不吃药，通过心理治疗甚至自我调整缓解；中度抑郁症患者可以用药，也可以不用；重度抑郁症患者必须用药。

美国抑郁症患者安德鲁·所罗门在所著的《忧郁》一书中写道：抑郁症患者像一根干燥的木柴，若生活中的火星掠过，就会燃起熊熊大火。

安德鲁将抑郁症的起因描述为内因、外因相互作用的结果。这种判断，符合医学界现阶段对抑郁原因的研究结果：抑郁症致病是综合因素，有遗传原因，有生化原因，也有心理和社会原因。发病基因不是一个，而是上百个，它们相互作用导致了抑郁症。

现代解剖学用手术刀更彻底地描摹出抑郁症患病机理。20世纪上半叶，研究人员对抑郁症自杀者的大脑进行解剖时，发现他们大脑中三种神经递质（5-HT、去甲肾上腺素和多巴胺）浓度低于常人。这三种神经递质好比邮差，在脑细胞间传递信息。如果这三种神经递质减少，脑细胞间的信息传递受阻，抑郁症就会不期而至。

据安定医院医生姜涛临床观察，抑郁症呈献出行业性特点。公务员、教师、警察、媒体从业者、演艺界人士患抑郁症的比例明显高于其他行业。这种现象，在逻辑上可解释为：工作压力相当于将干燥的木柴放置在易燃的环境中。

对抑郁症起因的理解，决定着治疗方案的选择：是给予药物治疗，还是进行心理干预。

社会上关于抑郁症有一个误区，就是把抑郁症简单归因为性格、心理问题。北大六院医生唐登华认为，人们往往认为是外部某一具体事件导致了抑郁症。其实，这种具体事件很可能只是抑郁症的结果，而非原因。比如，一个女儿被母亲打了一巴掌就自杀，真正的自杀原因并不是这一巴掌，而是她已患病，易受刺激，这巴掌只是压垮骆驼的最后一根稻草。

一般人们听到某人有抑郁症，往往首先去猜想是什么事让他“想不开”，而不以之为病。前央视节目主持人崔永元曾对此有过辩驳：“那些说抑郁症不是病，而是想不开、心眼小的人，你们吃我的药试试，那个药劲是非常大的，我吃那个药，两粒三粒，早晨5点、6点、7点、8点才能睡着觉。没有这种病的人，吃了这个药，可能三天都睡不醒。”

崔永元所说的现象，早已被医学科学所解释。国外一本医学杂志曾刊登抑郁症患者脑脊液标本分析，研究者对几十位抑郁症患者采用同位素标记技术，来测定肾上腺素、去甲肾上腺素和多巴胺的水平。结果发现，患者组发病期间，这三种神经递质均低于常人。现代抗抑郁药（SSRI类和SNRI类）便是以刺激患者脑部生产这三种物质为方向研制出来的。

当然，重视药物干预，并不意味着心理治疗全无用途。从科学角度看，心理治疗可应用于轻度患者和康复期患者；但急性期患者和中重度患者，必须依靠药物治疗。

“抑郁症治疗要药物治疗和心理治疗并重。轻度抑郁症可以不吃药，通过心理治疗甚至自我调整来缓解；中度抑郁症患者可以吃药，也可以不吃；重度抑郁症患者必须用药。这个时候，只给他安排心理调整，不给吃药，他的病情就会加重。”北大六院院长助理姚贵忠对财新记者说。

在抑郁症后续治疗中，因对抗抑郁药持怀疑态度而放弃治疗者为数众多。由于抗抑郁药起效慢，平均起效期2至4周，且不良反应大，在起效前甚至会加重自杀倾向。这是患者抗拒服用抗抑郁药的一大因素。尤其是一些难治性抑郁症患者，很难一开始就能找到对症的药物。在足量足疗程试用某类药无效后，还得再换另一类药。少则几个月，多则半年，他们才能试出可起效的药物。这又拉长了痛苦的时间，增加了患者的绝望情绪和自杀概率。对这样的患者，医生和家属只能鼓励他坚持服药，防止他偷偷藏药。

对于治疗有效的患者，抗抑郁药也并非想停即停，否则会复发。“首次发作要服药至少一年，一些抑郁症患者需要终身服用。”北京安定医院抑郁症治疗中心主任王刚教授说。

在他诊疗的病人中，患者服药依从性是个难题。30％的患者在起效一个月后放弃服药；50％的患者两个月放弃服药；三个月放弃服药的患者达 80％。

错位的治疗

抑郁症的诊断是一个难题，若诊断失误，治疗效果会适得其反。

北京安定医院大门前，一位经历多年抑郁症折磨的患者犹豫再三，不愿走进去。后来他告诉财新记者，那时他认为，一迈进安定医院的大门，一辈子就会带上“精神病人”的烙印，不好见人了。

这种心理，在抑郁症患者及家属中较为常见，它造成了抑郁症患者就诊率不到 10％的现状。

安定医院考虑过患者这一心理感受。2006 年 1 月 5 日，安定医院抑郁症研究中心成立。该治疗中心主任王刚教授对财新记者说，当初起名时颇为斟酌。最初想叫“心境障碍治疗中心”，考虑到这个名称大众识别率低，就没有用。其后想叫“情感障碍治疗中心”，又怕患者以为是解决情感问题。最终定名为抑郁症治疗中心，公众认知度高，又避免患者产生所谓精神病的联想。

抑郁症治疗中心成立后，越来越多的抑郁症患者慕名前来。“抑郁症患病率增加也与检出率提高有关。中国医疗界这些年对抑郁症的认识提高了。”王刚说。

十七八年前，中国的抑郁症识别率低。国外的抑郁药在中国卖不出去。那时美国一个抑郁药厂商到中国来调研，安定医院医生告诉他们：“我们这里得抑郁症的很少。”他们就来中国做普及讲座，让医生提高对抑郁症的辨识能力。

诊断是抑郁症的一个难题。若诊断失误，治疗效果会适得其反。在抑郁症知识未普及前，约 20％的抑郁症患者因伴随幻觉和妄想，被误诊为精神分裂症。

对抑郁症认识提高后，另一种重要的误诊，成为抑郁症治疗上的拦路虎。即双相情感障碍易被误诊为抑郁症。

在非专业人士看来，双相情感障碍属于抑郁症；严谨的学术概念，则把抑郁症和双相情感障碍视为两种不同的疾病。双相情感障碍是指发病以来，既有躁狂或轻躁狂发作、又有抑郁发作的一种心境障碍。它和抑郁症虽然都属于心境障碍，但在治疗原则上显著不同。双相情感障碍的自杀率高于抑郁症，如果按照抑郁症治疗，一是难治，二是解除抑郁后，会导致转向躁狂，发病频率明显加快；发作频率越快，治疗难度越大，患者自杀风险越高。

王刚及其团队做过双相情感障碍误诊为抑郁症的横断面调查。横向误诊率（同时期）为 20％以上。如果开展长期随访研究，误诊率会更高。

美国最近有一个研究，跟踪随访了13年前被诊断为抑郁症的200名患者，发现当年被诊断为抑郁症的患者，46% 最后被确诊为双相情感障碍。即目前被诊断为抑郁症的患者中，可能接近一半实际上是双相情感障碍患者。

有着 20 年临床经验的安定医院医生姜涛说："有的双相情感障碍患者首次发作时为抑郁，轻躁狂的时间很短。对于患者家属来说，轻躁狂很难识别，家属和患者都不认为是疾病，不会当成问题跟医生说，医生采集信息就会有困难。"

对于在十几分钟的门诊时难以做出诊断的患者，王刚建议诊断困难的患者最好住院观察治疗，或者患者及时复诊。在住院患者中，抑郁症患者占 30%，60% 以上是双相情感障碍患者。在不考虑误诊的情况下，双相情感障碍的终身患病率为 3.7％，已属重大精神疾病。

防控失控

不合格的心理咨询师和无资质的小医院，不仅让患者破财，还会害命。

患者及其家属不了解抑郁症，就难以获得专业治疗。与此同时，一些无效治疗却大行其道。部分心理咨询师、中小医院从事不规范的抑郁症治疗，以此敛财。

一位重度抑郁症患者告诉财新记者，曾有一位心理咨询师对他说：“你有什么病啊？你吃什么药啊？”一位曾在安定医院就诊但拒绝吃药、转向心理咨询的大学生，后来卧轨自杀。有些心理咨询师认为抑郁症只是心理原因，耽误了本应吃药治疗的中重度患者。

心理咨询师进入门槛低，素质良莠不齐，造成抑郁症治疗混乱。中国心理卫生协会副会长赵国秋认为：“全国范围内，临床心理学系凤毛麟角，缺少有医学和心理学双重背景的人。心理咨询师刚开始没有归口单位，后来是人社部发证培训，发证门槛很低。”

在他看来，很多心理咨询方法，其效果评估和收费标准都有问题，环节没理顺。中国台湾有精神卫生法，对心理咨询的组织、展开都有非常细的规定；中国澳门、中国香港也有类似的监管法规。而大陆即将出台的精神卫生法只管医院和医生行为，其他涉及不多。

如今，中国的抑郁症患者中，只有不到 10％在专科医院就诊。还有一些患者流往并无抑郁症治疗资质的中小医院。财新记者见到一些守候在安定医院的医托，宣称自己的医院能根治抑郁症。“我们的患者常常被那些人拉到他们那儿，花了 1 万多元没治好，又回来继续治疗，病情因此被延误。完全没人监管这种医院。”王刚说。

在多位专科医生看来，抑郁症患者到专科医院就诊，是康复之路的开端。前述那位罹患双相情感障碍 20 余年的女性患者，今年确诊后，在安定医院治疗仅三个月，病情便稳定下来。只是因患病时间太长，她需终身服用心境稳定剂维持治疗。

即使如此，她仍然觉得值得：“在绝望的时候，永远想象不到病好了会是这样。”在她内心深处，那块抑郁阴云终于散去，它曾隔绝她同这个世界的联系。如今，她的生命回归常态，昔日那绵延不尽的绝望，被买菜、唱歌、散步、交谈等日常生活所取代。

“我从地狱回到了人间。”她说。

这句话，也是许许多多抑郁症康复者的心语。

下篇：地狱归来之路

2012 年 9 月 8 日，北京大学第六医院（北大六院）多功能厅。

这一天，是北大六院抑郁症自助团体成立五周年纪念日。一间小小的会议室，坐满了约 20 个患者和家属。每个人都有不同的故事，痛苦各异，但都源于抑郁症。

这个组织的创办者之一、患病 20 多年的武利国，布置会场时，在墙壁上贴上自己写的五个字——“心灵的故乡”。

好几个参加活动的患者说，这五个字说出了他们内心的感受。

心灵的故乡

不要对病人进行道德指责，或者用社会标准去要求他们。来自家庭的不理解往往对患者伤害更大。

“自助团体的作用就是帮助别人和接受帮助。在帮助别人的过程中，自己也能得到快乐，有助于康复。”这个团体的组织者之一、北大六院主任医师王希林对财新记者说，“实践证明，这样的康复形式确实很有效。”

2007年，在医院住院的一些抑郁症患者对王希林说，希望病友们出院后仍能保持联系。疾病的共性使患者彼此间能更好地相互理解和鼓励。于是，王希林向院方申请了一个房间，作为活动场地。患者和家属每月举办活动，互相交流治疗和康复的经验，有时还组织唱歌、逛公园等娱乐活动。

她还对家属进行健康教育，帮助他们认识到，疾病使患者的主观感受发生了变化，使患者消极、倦怠、悲观或容易烦躁，这些都是能够通过治疗纠正的。而家属的接纳和理解，对于病人的康复非常重要。

北大六院院长助理姚贵忠也说，家属单独和医生交流，非常必要。家属对抑郁症多了解一些，对患者的照顾就更周到一些。

患者李香（化名）对此有切身体会。她是双相情感障碍患者，既有抑郁，又有躁狂。抑郁的时候，消极，悲观，不愿意干任何事，甚至一夏天都没洗澡。“你整个人都馊了。”丈夫这样抱怨。躁狂的时候，动辄发脾气。丈夫说她没修养，性格有问题。

“不过，我知道，我是病了。”李香说，“没有经历过抑郁症的家里人，是无法理解的。”

王希林说，不要对病人进行道德指责，或者用社会标准去要求他们。来自家庭的不理解往往对患者伤害更大。患者对外人的不理解和偏见相对容易承受，但难以面对家人的误解和失望。有一个自杀未遂的患者述说，就因为家庭导致了她的绝望。

患者梁向阳的故事，就属于此类。

2006年，她被诊断出患有抑郁症，医生建议住院治疗。可是丈夫认为，这是她思想和意志力有问题，住院服药不管用。最后，还是她父亲出面，她终于得以住院，病情得到了控制。

后来，康复过程中，丈夫仍然不愿意承认她患病。当她陷于悲观消极时，他就会说："现在日子过得这么好，你怎么会得这种病？"冷漠让她逃避家庭。最绝望时，她伸手摸家里的电源，想一死了之。

她回忆说，当时，她就是赌气，要死在家里，让丈夫知道，这是他不理解的后果。

自杀未遂，她的左手中指留下永久的伤疤。她丈夫不愿意陪她去医院，认为这是她自找的。

后来，她把抑郁症知识小册子拿回家，也没有人愿意去翻一翻。

2007年，梁向阳参加了北大六院的抑郁症自助团体。在那里，她和其他抑郁症患者交流经验和知识，有的还成为好友。她逐渐对自助团体有了归属感，那是她最重要的康复支持。

"就像心灵的故乡，离不开了。"梁向阳说。

"你是病了，不是错了"

支持性心理治疗是抑郁症治疗和康复的主要手段。常用的技术为倾听、解释、指导、疏泄、保证、鼓励和支持等。

"倾听，是多么重要！"自助团体的另一位患者周新萍说，她至今无法忘记前夫那张几乎扭曲、愤怒的面孔。他摔东西，大声喊："你别说了，别说了，你说那么多，我实在受不了！”

可是，当年在病态中，她就是要通过反复地说，来宣泄内心的抑郁。她当初犯病，是因为工作单位人际关系不好。回到家，觉得丈夫是自己最亲的人，便习惯性向他诉说。

但丈夫不能理解。她的病情反复发作，后来她丈夫提出离婚。如今，离婚已经六年的她，内心还是想念前夫，尽管并不能从他那里得到关怀。

“耐心倾听患者的自动述说，使患者感到有人正在关心和理解他。倾听是所有心理治疗的前提。”中华医学会主编的《抑郁障碍防治指南》认为，支持性心理治疗是抑郁症治疗和康复的主要手段。常用的技术是倾听、解释、指导、疏泄、保证、鼓励和支持等。

对于家属如何倾听，北大六院院长助理姚贵忠告诉我们，首先要区分患者轻、中、重三个级别。如果是重症患者，以陪伴为主，减少说教，不做思想工作，不提指导性的意见，默默地陪伴，患者有需要就给予帮助；如果是轻症患者，要了解他想要什么，可以谈得比较深入。但主要是让他倾诉，切忌以社会标准要求病人。

医生的倾听和耐心解释对患者康复非常重要。北大六院主任医师王希林说，在最初接受治疗时，医生对患者的疑问更要耐心倾听和解释，有时一个问题需反复回答和解释才能消除患者和家属的疑虑，否则很难使患者坚持用药。抑郁症的治疗是长期的，长期服药可降低复发的风险。

王希林说，由于医疗资源紧缺，病人太多，很多医生的门诊时间很短。但有时简短几句话也可使患者得到安慰，例如“抑郁症是能治疗的，肯定会好起来的，一定要有耐心”等。家属也可照此来鼓励和支持患者，以赢得治疗时机。

王希林还说，医生在和患者本人或家属沟通时，最好不要给患者一些否定性答复。不批评，不指责。和病人交流，不能像做一般的思想工作那样，有些问题可能暂时解决不了，原因可能是多方面的，如症状使患者缺乏自信、看问题态度消极、易产生挫折感等。可以采用迂回的方式，病情较重时应以安慰和支持为主。无条件的理解对患者的康复可有较大帮助。

远离自杀

很多人不敢询问患者是否有轻生的念头，担心可能诱导患者自杀。其实谨慎地询问并不会诱导患者，而有助于早期发现和尽早采取相应的干预措施。

“三分之二的抑郁症患者曾有自杀想法与行为，15%~25% 抑郁症患者最终自杀成功。自杀在青年及老年人中发生率较高。”中华医学会主编的《抑郁障碍防治指南》用以上数据警示世人，抑郁症具有高自杀率，终身自杀率为 15%。

自杀分三个阶段：自杀观念、自杀企图、自杀行为。北大六院院长助理姚贵忠认为，到了第二个阶段，患者就非住院不可了。

自杀是抑郁症最严重的后果。北大六院主任医师王希林说，家人要细心观察病情较重的患者。如果之前能积极配合治疗，但病情尚未好转时患者又表现出抵触情绪，不想继续接受治疗，家属就要注意患者是否有轻生念头。

王希林说，很多人不敢询问患者是否有轻生的念头，担心可能诱导患者自杀。其实谨慎地询问并不会诱导患者，而有助于早期发现和尽早采取相应的干预措施。如果家属观察到患者有自杀企图，一定要带他及时去正规医院就诊。在风险解除前要始终陪伴患者。

患者周新萍告诉财新记者，她曾经阻止了两个病友的自杀行为。其中一次，一位相熟的病友发短信给她："我要自杀了，不想活了，跳楼的位置都找好了。"周新萍立刻回短信，告诉他，马上拿上病历和钱，下楼打一辆出租车去医院，医生能解除你的痛苦。她解释说，对于那种状态的病人，需要明确的、可执行的建议。

病友听从了她的建议，她的短信挽救了一条生命。

"很多抑郁重症患者在极度痛苦时，会想到放弃生命。有时候生与死，就是一念之差。"患者李香告诉财新记者，她在青春期时就曾喝酒精自杀过。当时，她已经多年处于严重抑郁状态，却不知道自己是病了。

"青春期和老年期的个体更容易自杀。自杀未遂是一个极其危险的信号，应让亲属知情。应给予高度重视并采取相应的干预措施。"《抑郁障碍防治指南》中强调。

二次成长

对患者应该是推，而不是拽。在他需要时，你在身边，帮

助他厘清思路，把目标分化为一个一个小步骤。每向前走一步，他体会到成功的快乐，再接着走下一步。

《抑郁障碍防治指南》还称：在维持治疗阶段，即康复期间，除了药物，还需要心理治疗。心理治疗旨在让患者保持无抑郁状态，减少和消除抑郁障碍产生波动的持续因素。但该指南不主张将心理治疗作为预防复发的单一手段，除非患者由于特殊原因不能用药。

北大六院院长助理姚贵忠告诉财新记者，病人的重度症状消除后，就开始进入康复阶段，要努力恢复各项社会功能。在此过程中，除了家庭的支持，社会也要给予理解和尊重。

他建议，如果发现明显的抑郁情绪，先去看专业的精神科医生，确诊后服药，减缓症状后，再寻求心理治疗，进入康复阶段。

他说，康复是一个过程，着重各项功能的恢复，目的是让病人恢复正常的社会生活。在这个过程中，要坚持一个理念："只要不妨害他人，每个人都有权利也有能力让自己快乐，让生活有质量。"

王希林称，抑郁症是一种比较常见的精神障碍，药物治疗是非常重要的治疗手段。

目前抗抑郁剂的种类较多，精神专科医生对抗抑郁剂的使用已很有经验。"个体化治疗"在抑郁症的药物治疗中也较重要，即医生根据患者的病情特点选择或调整药物种类和剂量。药物治疗中还应强调的是"长期服药"，特别是对于病情复发的患者——这不意味着抑郁症长期治不好，症状缓解后继续服药只是为了降低复发风险。大多数患者的疗效较好，难治的复杂的病例还不到三分之一。

她说，经常有患者在康复期擅自停药，导致复发。因此，特别要提醒患者定期到医院复查，由医生判断是否可以停药。停药时也应逐步减少用药剂量，缓慢停药，避免出现撤药反应。

另外，“早发现，早治疗”非常关键。尤其在康复过程中，如果感觉到无明显原因的心情不好、乏力或失眠等，就应该及时就医，在复发初期及时调整、治疗通常可获得更满意的效果。

认知治疗是中华医学会推荐的康复方法之一。这种治疗的目的是帮助患者重建认知、矫正自身的系统偏见。这些偏见包括对个体既往生活经历及将来前途做出错误解释和预测。

“简单地说，认知就是如何看待疾病和如何看待自己。”姚贵忠说，这和自省不一样，不是站在道德角度批判自己，而是强调内心的和谐与平静。

作为有 25 年临床经验的精神科医生，姚贵忠有一套独特的“康复处方”：

第一步，康复评估。评估病情和资源，患者有哪些可用的资源；他有哪些优势和劣势。

第二步，患者、家属和医生三方会谈。在充分尊重患者意愿的前提下，三方达成共同的康复目标。

第三步，开出康复处方。开处方的前提是尊重患者，所有康复计划都要和病人协商，获得同意。计划要具体、可操作、可检查，每次最多提三条，再多患者就执行不了了。

姚贵忠举例说：假如一个患者病情较重，可以要求他每天散步 10 分钟。每两周复查一次，到时候检查他执行的情况，并做调整。如果有的患者懒散，就引导他承诺做一些简单的事情。

“比如，上菜场买菜行不行？如果不行，在家里做饭行不行？还不行，洗碗行不行？洗全家的碗不行，只洗自己的碗行不行？如果再不行，三天洗一次自己的碗行不行？一周洗一次行不行？就这样和患者商量出一个他能够接受的行动计划，不要强迫他。”姚贵忠说。

至于恢复社交功能，姚贵忠认为，可以把社交活动分成几个步骤：接收信息、表达信息、交换信息和适应环境，难度递增。

具体地说，患者社交有困难，医生要帮助他分析是哪一步出了问题。如果是表达信息有障碍，可以让他先朗读一段文字；这一步完成后，再让他复述别人说的话；接着让他用自己的语言概括别人说的一段话；最难的，是患者自发言语，即自主说一段话。如果能做到自发言语，患者就离回归社会前进了一步。

姚贵忠说，康复处方就是要分这么细，而且都写在病历上。最重要的是，医患之间要建立信任。切忌以社会标准去要求他。对患者应该是推，而不是拽。在他需要时，你在他身边，帮助他厘清思路，把目标分化为一个一个小步骤。每向前走一步，他体会到成功的快乐，再接着走下一步。

北大六院主任医师王希林说，在临床上往往会发现患者乃至家人对治疗效果期望值过高，为患者设定过高的目标。而抑郁症治疗需要长时间服药，有些疗效不好或反复的患者应该对原有人生目标做出相应调整。

这种调整并不容易。这意味着面对现实、接受现实。但是，一旦完成了这种调整，患者就好像搬走了压在心头的一块石头。

今年58岁的武利国，早在1984年就被诊断为重度抑郁症。那一年，他的女儿刚出生。在康复过程中，他没能长期服药，病情反复发作，最后转为双相情感障碍。1996年住院治疗两年多，病情才稳定下来。

出院后，他有强烈的愿望帮助其他患者，特别是家属，“他们真的是太难了，那么焦虑，那么无助”。从那以后，40多岁的他辞去国企的工作，专门在北大六院当志愿者，组织精神病患者家属联谊会和抑郁症自助团体。

“康复是一个成长的过程。患者是自己在成长，一生中第二次成长。”姚贵忠说。

（原载财新《新世纪》周刊2012年第39期；张违、王晨、罗洁琪撰文）

抑郁症诊疗骗局

2014 年 9 月，开学的季节。本应读大学一年级的小雷（化名），却无缘大学生活，从呼和浩特来到北京，求治“双相情感障碍”。这是一种难治性精神疾病，以躁狂和抑郁交替发作为主要特征。

在此之前，他已经在北京德胜门中医院治疗了一年多。那是 2012 年下半年，小雷的父亲觉得儿子“精神状态出了点问题”，决定到北京治病。在网上稍作查询，他便被一路“导航”到北京德胜门中医院。

小雷的父亲告诉财新记者，选择德胜门中医院，是因为那里的医生告诉他，“中医可以去根”；还有，德胜门中医院有一款诊疗仪器——脑神经递质检测仪（EFG，Encephalofluctuograph），疗效非常神奇。

据德胜门中医院宣传，这款仪器“通过了美国药监局和中国药监局的权威认证，成功申请美国、日本、欧盟多项专利，是世界精神病学协会（WPA, World Psychiatric Association）指定的精神疾病检测设备，也是中国精神疾病专家委员会指定的精神疾病检测诊断设备”。

小雷一家顿生信心。进了德胜门中医院，医生没有过多询问病情，即用 EFG 对小雷的头部进行无创检测，生成一张“脑涨落分析报告”，检测出 9 种脑神经递质的数值。医生告诉小雷的父亲，这些数值证明小雷的脑神经递质出了问题。医生据此为小雷制订了治疗方案，“高的数值要调低，低的要调高”，并暗示可以根治。

接下来的治疗非常昂贵。2013 年 1 月至 7 月，小雷在德胜门中医院治疗总共花费近 20 万元，不过病情并没有好转，反而愈加严重。父亲回忆：“治疗没有什么效果。狂躁的时候，六亲不认，打人；打我们的同时，要自杀，就去撞墙。”

2013 年 7 月的一天，小雷闹着要吃安眠药自杀。父母流泪劝阻，狂躁的小雷用铁铲砍伤了母亲，又在父亲头上砍了一道十几厘米的口子。至今小雷父亲头皮上长长的伤痕仍清晰可见。

无奈的父亲转而将小雷带到北京安定医院求治。这是一所三级甲等精神卫生专科医院，也是国内精神疾病诊断与治疗的重要研究机构之一。

首诊时，他向安定医院的医生叙述了神经递质检测仪的事情。接诊的医生委婉地告诉他，不能断定 EFG 无效，但北京安定医院从未使用过这类仪器；他只是从广告上听说过这款仪器；而且，这一两年，在北京一些民营医院接受过 EFG 诊疗、没有任何效果，不得不转到北京安定医院治疗的病人，越来越多。

“我首诊的这些病人中，有接近三成做过 EFG 检测。白花了钱不说，病都被耽误了。”这位有着 20 余年临床经验的精神科专家一声长叹。

EFG神话

打开 EFG 官方网站（http：//www.efgedu.net/），赫然可见一条标语："重塑精神世界，共创美好人生。"网站的基调以蓝色和白色为主，乍一看很容易让人联想到世界卫生组织的官网。

然而，在 EFG 官网上，找不到任何创办组织的信息。

根据网站的介绍，EFG 脑神经递质检测仪和 EFG 脑神经递质免疫再生疗法，是"由世界精神病学协会（WPA）、亚洲睡眠研究会（ASRS）、抑郁症防治国际委员会（PTD）、中国精神障碍疾病预防协会等 9 家国际重点医疗机构及 192 位资深专家，经过多年科研，成功研发出的针对失眠、抑郁等精神疾病的最有效治疗成果"；该仪器能"无创定量检测 GABA（γ－氨基丁酸）、Glu（谷氨酸）、Ach（乙酰胆碱）、NE（去甲肾上腺素）、5-HT（5- 羟色胺）、DA（多巴胺）六种中枢神经递质"，且这项技术"经过美国药监局 FDA、中国药监局 SFDA 和欧洲 CE 的权威认证，已成功申请中国、美国、日本、欧盟等发明专利"。

从生物医学技术发展历程看，不能说无创检测神经递质毫无依据。应该说，如果有一款仪器能够直接测量大脑神经递质，那么将对精神疾病的诊断和治疗提供极大帮助，是精神疾病患者的福音。

现在医学能够证明，人的精神疾病和大脑内神经递质的浓度有相关性。何为神经递质？简单地说，人脑中的神经细胞之间传递信息时，前一个脑细胞的神经末梢会释放出化学物质，其使命是载着信息，跨越细胞间隙，像邮差一样把信息传递下去。这类化学物质，就叫神经递质。

医学专家告诉财新记者，大脑的神经递质最主要的是三种：5-HT、去甲肾上腺素和多巴胺。这三种神经递质，功能不完全一样。比如，5-HT 掌管情感、欲望、意志；去甲肾上腺素提供生命动力；多巴胺传递快乐。如果这三种神经递质失去平衡，神经元接收到的信号就会减弱或改变，人体就会出现失眠、焦虑、强迫、抑郁、恐惧等症状，表现为抑郁症、双相情感障碍、精神分裂症，以及其他神经精神疾病。

但是，目前现代医学仅能从经验推测出精神疾病和神经递质失衡有相关性，还不能准确认定患者的大脑中到底缺乏哪一种神经递质。原因是，一来目前神经递质的最准确测量手段是通过开颅获取脑脊液，二来神经递质的种类很多，交互作用机制十分复杂，与精神疾病的精确关系还在探索中。

然而，从市场的角度，有需要就有可能。患者需要便捷的检测手段和永不复发的承诺，医院则需要获取最大利润。EFG 就此“应运而生”。它自称可以无创检验出患者是否缺乏神经递质、缺乏哪一种神经递质，从而对症下药。假如真能如此，由 EFG 书写治疗精神疾病的神话，就完全是可行的。

财新记者在百度百科键入“脑神经递质检测仪”，该词条宣称，EFG 可以“为精神疾病专家提供科学、精准的检查结果”“在专家们的科学的指导下，治疗 3 至 7 天病情明显好转，一个月内头痛、失眠、抑郁症、心理障碍等症状基本恢复正常”。

在百度搜索引擎中键入“EFG 脑神经递质检测仪”，全国各地宣传使用该仪器的医院信息铺天盖地。这些医院对 EFG 疗效的宣传，并不完全相同——有的宣称可以治疗失眠、神经衰弱、抑郁症、焦虑症、精神分裂症，有的可以用于治疗更年期综合征、自闭症、帕金森综合征、儿童抽动症、多动症等，不一而足。

相同的是，这些网站的设计相似，且这些医院瞄准的都属于致病机理有待探索、短时间内难以根治的精神疾病。网站上有着关于 EFG 神奇疗效的大面积宣传，并不时弹出“免费在线咨询”“预约专家”窗口。

听起来很美妙。问题是：这一切是真的吗?

一个患者的检测

在德胜门中医院四楼一个偏僻的角落，财新记者遇到了 21 岁的山西忻州女大学生小琴（化名）。

小琴在两年前出现幻听症状，性情大变，过去乖巧的她变得狂躁不已，经常失眠，乱摔东西。在山西多处求医不愈，小琴的父亲在网上简单搜索后，德胜门中医院的宣传信息给他们带来希望。登录对话框后，“医生”很热情地为他们安排了预约，一家人便从山西来到北京。

小琴的父亲告诉财新记者，简单问诊后，医生便让小琴做个脑神经递质的检测。单次检测十分钟，收费 680 元。

小琴回忆说，这种脑神经递质检测是无创的，只在头皮上粘上一些导线，过了十来分钟，机器就打出一张报告，上书“脑涨落分析报告”。

小琴的父亲向财新记者出示了这份报告。上面列出的数据，比 EFG 官网的测试项目多了三项，分别是“兴奋递质 3”“兴奋递质 6”和“抑制递质 13”。

报告结论称：小琴“GABA、Glu 相对功率下降。大脑兴奋抑制功能失调”。

医生瞥了一眼数据，就给小琴制订了几万元钱一个疗程的治疗方案。

检测期间，小琴的母亲说近来更年期，身体也有不适。护士建议说：“既然你大老远来了，你也检测一下。”

财新记者在线咨询德胜门中医院的客服，问及 EFG 治疗抑郁症、睡眠障碍的疗效，对方回答：“你尽管放心，我院每天面对的很多患者都有这样的情况，只要能够按照我院专家的治疗方法积极地配合治疗是可以康复的。经过我们多年的临床经验，治愈率达到 98%。”

通过殷勤的网上服务，财新记者一路绿灯，挂到了专家号。就诊时，财新记者告诉医生，近来感到压力很大，情绪有些低落。医生便询问：“主动性低吗？”“兴趣低？”“自卑吗？”“很痛苦？”

随后，这位医生便建议财新记者做 EFG 检测；财新记者继续提问，医生拒绝作答，理由是“只有做了检测才能确定治疗方案”。

“医院印钞机”

EFG 官网宣称，“检查精确度可达到 97.3% 以上”；而 EFG 脑神经递质免疫再生疗法使用的药剂，“采用现代生物基因技术，结合百余种名贵中药提取浓缩精制而成，服用后易吸收，见效快，疗效是普通药剂的 30 倍以上，不含任何激素，无依赖性，无毒副作用和不良反应，对心、肝、肾等重要器官均无损害”。

不仅如此，EFG 治疗还可以“打通大脑经络”“愈后不反弹”。

要搞清 EFG 疗效如何，不是容易的事情；但其检测费用昂贵，一望可知。

不同的医院，价格略有不同。德胜门中医院每次检测收费 680 元。财新记者以买家身份咨询 EFG 脑神经递质检测仪销售代表时，他给出的收费建议是每次 150 元。

这位销售代表是深圳康立高科技有限公司的田先生。他介绍，EFG 脑神经递质检测仪又称脑涨落图仪，一般和超低频经颅磁治疗仪（一种用于精神类疾病治疗的物理仪器，经颅磁已经在临床使用）配套销售。脑涨落图仪的成交金额在 80 万元左右，超低频经颅磁治疗仪在 78 万元左右，一套一般在 160 万元左右。“我们上市两年多，现在都已经卖了 600 多套了。”

除 EFG 官网授权的 10 家医院，网上至少还有 20 余家医院的网站，宣称使用 EFG 脑神经递质检测仪。其中，北京地区有北京德胜门中医院、北京国济中医医院等 8 家医院。

除此之外，根据深圳康立高科技有限公司提供的推介材料，其客户名单还包括全国 40 家医院、精神卫生中心。

田先生告诉财新记者，“它（脑涨落图仪）的效益是非常高的。很多院长私底下跟我们说，你们给我们送来了印钞机，既解决了临床需要，医院的效益也都提上来了”。

财新记者在德胜门中医院发现，前来精神科问诊的病人，都被要求进行 EFG 检测。从上午 9 时 30 分到 10 时 30 分，先后有 5 名患者进入 EFG 检测室。据此大致推算，一天大约有 35 个人接受检测，仅仅检测收益便是23800元。如果按照80万元的仪器进价算，医院用一个多月的时间就能收回成本。

基于EFG检测结果而生的治疗方案，则产生更为庞大的治疗费用。

财新记者发现，前述EFG官网除了介绍EFG脑神经递质检测仪，还有大量的篇幅介绍配套EFG脑神经递质免疫再生疗法。这种“标本兼治、无毒副作用”疗法分为三个阶段：第一阶段，EFG脑神经递质检测仪检测，10分钟查出精神疾病深层病因；第二阶段，ECT、脑循环综合治疗仪、氧疗仪等物理治疗＋中西医平衡调理（中主西辅）第三阶段，心理疏导及康复调理期。

如此看来，以EFG检测为龙头，有一条连环生财之道：先做EFG检测，检测收费仅是起步；之后医生根据检测报告制订的物理治疗、推拿针灸以及服用的中药，才是大头所在。

小琴做完EFG检测后，医生诊断她患了“精神障碍”，需要中药和物理治疗。药物包括6盒补脑丸和5盒礞石滚痰片，共计1250元；另外还安排了两个中药疗程，每个疗程2000元；此外再做几次以十多天为一个疗程的物理治疗，一个疗程1万多元。预计这一套治疗做完，小琴要花费近5万元。

在小琴面诊的同时，在门外候诊的小董也拿着类似的报告，只不过他的报告叫作“脑细胞损害评估检测报告”。他说这是花费800元在另外一家医院用同样的仪器做的。两家医院的检测虽然名目不同，但检测项目甚至连参考值都完全一样。

小董拿出他的报告单对医生说：“我这个检测（EFG）已经做过了，我是过来开药的。”他29岁，在北京一家餐馆打工，已经花掉了几万元，可病依旧不见好转，“太难治了”。

EFG科学吗

上述诊疗过程的起点就是EFG检测报告，随后的一切治疗方案都据此制订，看似科学。可事实呢？

EFG全称Encephalofluctuograph。很多医院的官网或者网络广告上，都把这个词断成了“Encephal of luctuograph”，其实不知所云，英文中根本没有“luctuograph”这个词汇。从词根的角度看，这个词的断法或许是“Encephalo-fluctuo-graph”，“encephalo”意为“大脑”，“fluctuo”意指“波动”，“graph”则是“图像”。

这款只有简称的仪器，在商业上却很成功。仅康立一家销售EFG设备的公司，就自称两年卖出600多套。

康立公司给财新记者提供的发明专利证书，注明该发明是一种“脑电涨落信号分析设备”，专利权人是“广州可夫医疗科技有限公司”。推介材料中还有相关文献，介绍脑涨落图仪的实验。实验所使用的脑涨落图仪的生产厂商，是“北京舒普生公司”。广州可夫医疗科技有限公司和北京舒普生公司拥有一个共同的法人代表——徐建兰，他也是该专利的发明人之一。

推介书使用的论文提到，“徐建兰，1998年首都医科大学毕业，硕士生，工程师，主要从事神经科学研究”。

徐建兰的家人以健康为由，没有接受财新记者对徐建兰的采访要求。

费用高昂，但如果疗效神奇，对患者仍然是福音。问题是：EFG 是否科学？是否有效？

财新记者把 EFG 相关资料发给国内一位脑电图专家，他表示，从测量原理上看，EFG 很像神经精神科普遍使用的脑电图设备。它能够探求脑电涨落变化和神经递质之间的关系，本身是很有价值的。不过，用它来检测神经递质并用于临床，目前还不着边际。

在康立提供的推介书中，我们看到专利发明人徐建兰的一篇科学论文，名为《大鼠脑内多巴胺水平与脑电 11mHz 超慢波谱系功率的相关性》，于 2009 年发表在《中国组织工程研究与临床康复》上。论文探索的问题就是 EFG 所宣称的脑涨落指标和多巴胺（神经递质之一）的关系。文章结论是两者之间存在一定关系，还有待进一步探索。至于 EFG 检测结果中提及的其他神经递质，尚没有文献支持。

北京安定医院代表着国内精神科学和治疗的一流水平，该院精神科主治医师西英俊明确告诉记者，北京安定医院从未使用过 EFG 检测仪，也从未考虑过在未来投入使用。

他发现，近两年很多患者转到德胜门中医院去，做脑神经递质检查，开了一堆药，“花了不少钱，没什么疗效”。

对于 EFG 检测结果，西英俊明确地说：“我根本不看。”在他看来，“一个没有经过科学实践证实也没有国内外教科书明确阐明原理的检查，推广到临床上，是不负责任的。它可能会误导患者，做出错误的判断”。

前述接诊小雷的北京安定医院主治医师也表示，他从来不看患者提供的 EFG 检测。“EFG 报告毫无意义，没有任何参考价值。”

这位医生给财新记者解释说，EFG 自称通过检测神经递质来判断精神疾病，但实际上，脑神经递质都是相互作用的，非常深奥复杂，“绝对不是 EFG 脑外传递 10 分钟就能测出来的”。靠脑外接收器，用导线接到头皮上就测量出数据，“目前不可能”。

而且，即使测量出真实的数据，“也无法表达抑郁程度和临床的关系，对于临床也没有任何意义。”他说。

对于 EFG 的神乎其神的宣传，这位医生不无讽刺地说：“连精神分裂症他们也敢做，很能耐。”

对于小雷病情的发展，他感到无奈。他告诉财新记者，就诊时间对于精神病患者非常重要。早期及时的药物治疗对损害的神经细胞有一定的修复作用，但如小雷那样，耽误了一年，错过了最佳治疗期，或病情的反复发作，都可能导致脑神经细胞受损的不可逆性。

武汉市精神卫生中心主任医师汪涛（化名），曾经在网上撰文质疑 EFG 的疗效。他指出：“国内所有的正规精神病医院，都没有使用脑神经递质检测仪”；他在文章中写道：“我要诚恳地告诫广大病人和家属，在精神病的病因还未完全清楚之前，任何媒体宣传的治疗精神病可以几天见效、彻底断根、没有任何不良反应之类的大话、假话，都是骗人的。”

采访中，汪涛就 EFG 的主要疑点，对财新记者做了细致分析：

首先，神经递质的精确检测，必须抽取脑脊髓液才有分析意义，物理方法很难测出真实数据。

其次，精神疾病的神经递质改变，还只是科学假说。也就是说，不能确定神经递质和精神疾病治疗的必然关系。

最后，即使找到了神经递质和精神疾病有直接对应关系，但由于神经递质在不同脑区的含量可能不同，同时这种含量还会随着脑功能不断变化，就算测定出一个时点、一个脑区的神经递质，也是没有意义的。

“无创性测定人脑内神经递质含量，仍然是对科学界的巨大挑战。”汪医生最后强调，精神疾病的生物性指标并不可靠，目前更多还是靠医生的经验判断，“我们也希望有一种无创检测的手段，但目前还只是美好设想”。

那么，测量报告上，那些花花绿绿的曲线，还有一堆复杂的数据是怎么回事？财新记者采访过多位脑科学研究者，他们也不理解，猜测说：“可能是数据库自动生成的；也可能是根据简单的线性对应关系换算出来的。”

“高大上”外衣

几乎所有使用EFG的医院，在院方网站上进行宣传时，还会根据EFG官网的版本进行符合自身特色的发挥，但都以“美国FDA等权威机构认证”开头。

汪涛医生去年在美国参加精神病学年会，“那么多国际专家在一起，国际上也从来没有听说过这种脑神经递质检测仪”。

北京安定医院西英俊医生也对财新记者确认，“国内外权威期刊和经典的、被认可的教科书上，都没有EFG这些东西”。

浙江大学神经生物学专业教授、博士生导师包爱民不无讽刺地说：“这听上去应该是我们一直在等待着的机器！没想到它这么快就诞生了！瑞典斯德哥尔摩的诺贝尔奖委员会也应该对此很兴奋才是！”

“但是，”包爱民话锋一转，“根据我的认识，目前还没有任何一家严肃认真的 SCI 杂志，曾经发表过任何一篇有关这种仪器的科学论文。”

包爱民教授一直致力于神经性疾病、精神性疾病以及内分泌疾病症状与体征的神经内分泌学发病机制研究，研究课题聚焦抑郁症、帕金森病、精神分裂症以及在这些疾病症状中人脑的性别差异。

论及精神类疾病的诊断，包爱民说：“目前精神疾病的诊断基本是依靠患者的主诉加症状和体征，去对比精神疾病诊断与统计手册（DSM）标准而做出，其缺陷在于缺乏客观指标，容易出现医师意见不统一等困境。”因此，科学家正致力于攻克这个难关，“我们在期待弄明白神经递质变化的规律，但这将是一个长期的、艰难的过程”。

中国台湾、美国等地的一些专家，也对 EFG 检测仪表示怀疑。

中国台湾精神医学泰斗、有着几十年精神医学研究和临床经验的陆汝斌教授告诉财新记者，神经保护及神经再生的确是近十年来非常热门的题目，“但有关神经再生研究近年来碰到一些瓶颈。因为脑部的神经再生仅限于局部区域，且再生的神经细胞若不能长在原来作用的位置，有时候会与原来的神经细胞相互抑制”。

对于 EFG 宣传中提到的六种中枢神经传递物质，陆汝斌说：“目前已知的这六大神经元系统可能只占整个脑中神经传递物质的 5%~10%，还有太多的东西至今未知。”

陆汝斌明确表示：“在国际上尚未听说有同时可检测 GABA、Glu、Ach、NE、5-HT、DA 六大神经传递物质，又能治疗这些物质的 EFG 工具。”

哈佛大学博士、美国麻省注册心理咨询师 Bill Tsang，有着在中国香港和美国 20 多年的抑郁症治疗临床经验。提到 EFG 检测，Bill 表示，

"从来没有听说过"。对于财新记者在某医院就诊时医生问的问题，Bill评价说："很不专业。临床心理学家或精神科医生不会这样提问。"

财新记者注意到，EFG官网在"授权医师"一栏，有几个"外国专家"。一位是"Beers"，任职"世卫组织医院专家"；一位是"Make Li"，任职"世界精神病学协会首席专家"。经过核实，上述两家机构根本没有叫这两个名字的专家。

据财新记者查询，美国食品药品监督管理局和世界精神病学协会也从未认证或推荐过EFG检测仪。

谁在使用EFG？

在EFG脑神经递质检测仪的官网上，记者看到10家授权医院。据财新记者不完全统计，仅在北京，就至少有8家医院在使用EFG检测。

此外，在EFG生产厂家康立提供的推介材料中，财新记者另外发现一份包含40家医院的用户名单，其上印有"商业机密，妥善保存"的字样。用户名单中不乏三甲医院。

除去EFG官网授权的10家医院以及康立客户名单上的40家医院，财新记者用"EFG""脑神经递质检测仪""脑涨落图仪"为关键字在谷歌进行搜索，发现至少还有20家医院在宣传使用脑神经递质检测仪。

监管者是谁？

在EFG官网中，称EFG"已成功申请PCT国际、中国、美国、日本、欧盟等发明专利”。

财新记者根据深圳康立销售代表提供的发明专利证书，在国家知识产权局的专利检索与查询系统，确实查到了专利“脑电涨落分析设备”，发明人是周卫平、徐建兰和刘恩红。这种脑电涨落分析设备，同样获得了美国的发明专利证书，名称为“Method and apparatus for brain wave fluctuations analysis”。通过在美国专利发明网进行核实，该专利存在。

专利代表专业吗？一位前国家专利局工作人员告诉记者：“国人总认为‘专利’二字带有光环，其实申请一个专利很容易，专利并不代表可靠或者专业。”

财新记者曾致电国家知识产权局，得到的回应是，只要这个发明专利符合创造性、新颖性和实用性三个特性，符合审批所要求的法律法规，就会予以颁发发明专利证书。至于社会产业化部分，产品的效果、质量则不归它们管，“归国家质检总局等其他部门管”。

EFG 官网和各家医院的宣传中，还提到 EFG 技术“经过严格的美国药监局 FDA、中国药监局 SFDA 和欧洲 CE 的权威认证”。经查，美国 FDA 和欧洲 CE 并没有对其进行过认证。同样，财新记者在国家食品药品监督管理总局的医疗器械数据查询中，以“EFG”或“脑神经递质”为关键字搜索，均无查询结果。

财新记者又以“脑涨落”为关键字，搜到两条“脑涨落图仪”的信息。注册号分别是“国食药监械（准）字 2012 第 3211043 号”，生产单位是深圳康立高科技有限公司；以及“国食药监械（准）字 2014 第 3210879 号”，生产单位是北京市老同仁光电技术中心。

在食药总局官网上，两款注册产品的适用范围几乎一样："用于抑郁症发病机理的研究和探讨、抑郁症的疗效辅助评估，仅限成人使用。"描述中丝毫没有提及"神经递质检测"，或者"可用于检测脑神经递质"等字样。

财新记者连番致电、致函药监局，想要核准"脑涨落图仪"的原始注册材料和核准范围，以及是否可用于"脑神经递质检测"。至发稿前，终于等到了药监局的回复。

关于深圳市康立高科技有限公司的脑涨落图仪的"检测项目和依据"，药监局回复称，"该产品目前没有相应的国家标准和行业标准"。

药监局的回复还说，产品的主要作用是"通过分析脑电信号的超慢信号，提供大脑内神经递质功能指标……为相应疾病的诊断和疗效评估提供辅助信息"。

而关于"临床效果"，药监局的回复提到，"该产品仅针对抑郁症患者开展临床试验"，而适用范围规范为"抑郁症发病机理的研究和探讨、抑郁症的疗效辅助评估，仅限成人使用"。

一位业内人士告诉财新记者，即使按回复所说，可以做临床试验，仍旧涉及两个重要问题：EFG 是否超范围使用？临床资料是否做假？

"应请药监局公开临床试验单位、负责人、数据。"这位知情人建议。

移花接木背后

检索有关 EFG 的正规信息，可以发现对其使用范围的描述，均有

“辅助”二字。这意味着，不能单独依靠 EFG 检测报告进行诊断，更不能据此制订治疗方案。事实上，对于精神疾病的诊断，有一套完整的流程。

财新记者还注意到，所有专利材料均称其为“脑涨落图仪”；而在实际销售过程中，生产商则愿意将其描述为“脑涨落图仪（脑神经递质检测仪）”；最终在基层医院使用时，院方则直接对患者声称，这是“神经递质检测仪”。

与这一系列移花接木相伴随的是适用范围和功效的逐级夸大。一款探索型发明创新演变为有效治愈众多精神疾病的神器，检测费用自然比单纯的脑电图高出不少；更重要的是，这能迎合患者对治愈的急切心理，使其心甘情愿地掉入医疗“神话”背后的昂贵陷阱。

在百度上搜索“北京抑郁症”，排在前面的几个搜索结果，都是使用 EFG 的医院。

财新记者接触的前来某医院治疗的患者，无一例外，都是先在百度上搜索，然后被引导至此。

小雷的病友小维 19 岁，是家中独女。出现双相情感障碍症状后，也在某医院进行了治疗，花费数十万元。最后病情恶化，情绪完全失控，狂躁不已，在家殴打父母。小维的母亲对财新记者哽咽说，不愿回忆女儿在某医院就医的经历，“太痛苦了”。

有关神经递质检测仪的广告目前还在随时随地出现。财新记者曾偶然发现，在距离某医院还有数公里的北京北土城环岛路口，就有“某医院”的指示牌，每天引导着大量精神疾病患者前往接受 EFG 诊疗。

“脑神经递质检测仪”的网络小广告，更是无孔不入，在许多网页的广告位置或弹出窗口都可轻易找到。“3至7天病情明显好转”“一个月内头痛、失眠、抑郁症、心理障碍等症状基本恢复正常”“治愈率达到98%”等字眼，给那些深陷痛苦中的病友及家属带来希望。

等待他们的，是更大的失望，甚至绝望。

（本文原载财新《新世纪》周刊2014年第37期；张进、赵晗撰文）

附录二

“关爱精神健康·关注抑郁症”认知手册

前言：有了认知，才有预防

你一定听说过抑郁症，但是，你未必真正了解抑郁症。

一种相当广泛的认识是：抑郁症是“情绪病”；得了抑郁症的人，是“小心眼”“想不开”“爱钻牛角尖”“意志脆弱”，等等。

其实不是。抑郁症就是一种病，有着和其他疾病一样完整的生化过程，其最大特点是自杀率高。世界卫生组织（WHO）报告指出，抑郁症是最能摧残和消磨人类意志的疾病，它对人类生命和财富造成的损失是灾难性的。由于抑郁症的病状常常被躯体病痛所掩盖，90% 左右的抑郁症患者不能意识到自己可能患病并及时就医。2020 年在全球范围内，抑郁症将成为第二大致残疾病。

抑郁症如此凶猛，可是迄今为止，在世界范围内，人们对抑郁症的认识还非常初级。抑郁症的发病机理、治疗路径、预防预后，仍是一个黑箱。世界各国对于抑郁症，至多是对症治疗，远不是对因治疗，还停留在经验和摸索的阶段。

与诸多发展中国家一样，中国抑郁症患者很多，而大多数国人对

“健康”的意识仍然仅停留在身体层面，对“精神健康”的观念淡漠。这也导致部分人患上抑郁症而不自知；还有部分确诊的抑郁症患者，得不到家人朋友的理解和支持，求治之路困难重重。

2013 年 5 月 1 日，《中华人民共和国精神卫生法》正式实施，确立了精神卫生工作的主要方针是——预防。但是，要做好预防，前提是对精神、心理疾病充分、正确地认知。恰恰在这个方面，中国差距很大，任重道远。

一个必须正视的现象是：精神、心理疾病就潜伏在我们身边，它像感冒一样常见，又像癌症一样危险！

为了你自己，为了你所爱的人，为了挣扎在精神、心理疾病中的每一个生命，我们应该行动起来——传播精神健康知识，消除社会大众对抑郁症的误解和歧视，扫除心灵的灰霾，共筑生命的蓝天！

故此，本手册以图文形式，介绍抑郁症基本知识，表述全球精神卫生问题现状，传播对于抑郁症的正确认知。

有了认知，才有预防！

一、关爱精神健康，刻不容缓

1. 没有精神健康就没有健康

“没有精神健康就没有健康”，这是世界卫生组织（WHO）总干事陈冯富珍出席《精神健康手册》发布仪式时所说。

世界卫生组织公布了一组触目惊心的数据：全球大约 14% 的疾病可归因为神经精神障碍，约有 10 亿人正在经历心理、神经、精神疾病的影响！在WHO 2020年的疾病总负担预测值中，精神卫生问题排名第一。

WHO发布的十条健康指标中，前四条都与精神卫生有关。民众对精神卫生的关注，已刻不容缓。

WHO十条健康指标：

（1）有足够充沛的精力，能应付日常生活和工作的压力，而不感到过分紧张；

（2）处事乐观，态度积极，敢于承担责任，事无巨细不挑剔；

（3）善于休息，睡眠良好；

（4）应变能力强，能适应环境的各种变化；

（5）能够抵抗一般性感冒和传染病；

（6）体重适当，身材均匀，站立时头、臂位置协调；

（7）眼睛明亮，反应敏锐，眼睛不发炎；

（8）牙齿清洁，无空间、无痛感，齿龈颜色正常，无出血现象；

（9）头发有光泽，无头屑；

（10）肌肉、皮肤富有弹性，走路感觉轻松。

2. 抑郁症，一个全球性精神危机

随着人类社会的发展，生存竞争的加剧，外部内部压力加大，很多人处于精神亚健康状态，其中抑郁症最为普遍。

根据世界卫生组织公布的数据，在五种主要精神疾病（抑郁症、强迫症、焦虑症、精神分裂症、自闭症）中，抑郁症居首。

在全球范围内，抑郁症的发病率是11%，即每10个人中就可能有1个抑郁症患者。抑郁症已成为世界第四大疾患。

➢ 中国：近20年，中国抑郁症发病率上升了8~10倍。随着生活节奏加快、压力增加，抑郁症、焦虑症已成为常见病。

最近一次大样本流行病学调查表明，目前全国抑郁症发病率高达4%~8%，其中需要住院治疗的重症患者占2.5%，而且发病率还在呈快速上升趋势，然而只有10%不到的病人接受了专科医生正规治疗。

中国因抑郁症导致的直接经济负担（如医疗费用）约为80.9亿元人民币，间接经济损失（劳动力丧失等）432.8亿元人民币，总经济负担达到513.7亿元人民币。

➢ 美国：每年有1100万人患上抑郁症，平均每6个美国人就有1个曾经或正在经受抑郁症的困扰。美国每年因抑郁症造成的损失超过200亿美元，约合人民币1300亿元。

➢ 英国：抑郁症发病率在欧洲最高。英国成年在职者中，曾经被诊断患抑郁症的人比例为26%。2010年抑郁症在欧盟各国造成的经济损失相当于730亿英镑，约合人民币7300亿元。

➢ 德国：据德国卫生部统计，德国有8000多万人口，抑郁症患者达400万人。抑郁症是德国现代社会中仅次于心血管疾病的第二易发疾病。

➢ 法国：每年有8%的15岁至75岁的法国人患上抑郁症，相当于300多万人。每5名妇女中就有1名在一生中经历过一段抑郁，患抑郁症的女性是男性的双倍。抑郁症是法国人自杀的第一大原因，每年约1万名自杀者中有70%患有抑郁症。

➢ 西班牙：600万患有抑郁症的人群中，只有30%的人得到专家的确诊。大约25%的女性有时表现出抑郁症状。

3. 抑郁症每年夺走许多生命

抑郁症是一种能够置人于死地的疾病，其最严重的后果是自杀。在精神类疾病中，抑郁症自杀率最高。在医学界有一个估计：抑郁症患者如果不予治疗，约三分之一会自然恢复正常，需时半年到一年；另三分之一会反反复复，拖成慢性；再三分之一最终会选择自杀。据 2014 年 8 月在京举行的“第七届全国心理卫生学术大会”上公布的最新数据显示，中国每年有 20 万人因抑郁症自杀，这数据超过两次汶川大地震死亡的人数！

可是，如此令人震惊的数据却没有引起社会的广泛关注和警醒。

“十九世纪威胁人类的是肺病；二十世纪威胁人类的是癌症；二十一世纪最大的威胁是精神疾病……”南怀瑾如是说。

【案例·自杀】

➢ 2013年3月20日，南京女孩“走饭”自杀一天后，她生前利用“时光机”（可定时发送信息的软件）发布遗言，在她的微博页面上显示：“我有抑郁症，所以就去死一死。”

➢ 2013年8月22日下午，在罹患抑郁症半年后，《人民日报》文艺部编辑徐怀谦从高楼纵身一跃，结束了自己的生命。

➢ 2014年4月28日至5月8日，在不到两周的时间，新华社安徽分社总编辑宋斌、都市快报副总编徐行、湘乡市广播电视台副台长贺卫星、深圳报业发行物流公司总经理张敬武，仅媒体界就有4人先后因患抑郁症自杀而辞世。

➢ 2014 年 8 月 11 日，曾赢得奥斯卡金像奖、格莱美奖等荣誉的美国著名喜剧演员罗宾·威廉姆斯因抑郁症在自己的寓所内自杀。同月23日，曾翻译过《麦田里的守望者》等多部名作的青年翻译家孙仲旭也因抑郁症而自杀，他上初三的儿子理解父亲的病况，称："爸爸已经解脱了。"

4. 公众对抑郁症认知度极低

与抑郁症的高发病率相比，公众对抑郁症的认知度却极低。国内一位心理学家曾对62位15~23岁就诊于心理专科的患者做过调查，结果显示：患者自身识别率几乎为0；学校、家庭、社会对抑郁症的识别率平均不足1%；全国地市级以上综合医院对抑郁症的识别率不足20%。

社会对抑郁症的整体认知度极低，导致抑郁症患者接受系统治疗的比例也极低。中国抑郁症患者中就医的只有10%，这10%中又只有20%曾接受系统治疗。

原因是，抑郁症患者中有些人担心被当成"神经病"而不愿就医，有些人走过很长弯路后，才不得不走进专科医院　还有些人将希望寄托于心理咨询诊所而延误病情；也有部分患者害怕吃药不良反应，或觉得吃药无作用而拒绝服用……

提高社会大众关于抑郁症的认知，走出认知误区，消除抑郁症患者的病耻感，使得他们勇于就医，接受救治，是全社会迫在眉睫的任务和责任。

【案例·病耻感】

"抑郁症患者就诊率比较低，其中不少抑郁症患者往往都是到了中、重度以上才来就医，这样就增加了治疗的难度。”河北医科大学第一医院精神卫生研究所主任王学义分析，出现这种情况有两方面的原因：一方面是大家对精神类疾病的知识了解得比较少，忽略了抑郁症的早期症状而耽误了看病。另一方面是多数精神类疾病患者有“病耻感”，认为精神科是看“疯病”的，不愿意到精神科就医。(《河北日报》，2013)

二、认识抑郁症

抑郁症是一种常见的心境障碍，可由各种原因引起，以显著而持久的心境低落为主要的临床特征。

抑郁症是一类具有高患病率、高复发率、高自杀率和高致残性特点的情绪障碍性疾病。大众概念中的“抑郁症”，一般指的是单相抑郁症。实际上，抑郁症并非单指一种精神疾病，而是一组同属精神障碍疾病的总称。它包括了单相抑郁症、双相情感障碍中的抑郁发作、隐匿性抑郁症、非典型性抑郁症等，统称“抑郁症”。

本手册主要对单相抑郁症及双相情感障碍进行讲解。

1. 抑郁症的特征

抑郁症最鲜明的特征是情绪抑郁、低落。但抑郁情绪并不一定就是抑郁症。判断一个人是否患有抑郁症，有三条重要标准：

首先，他的抑郁情绪与其处境不相称，也就是说，生活中并没有值得他悲伤的事情，他仍然情绪低落。这是一种放大了的“低落”，患者情绪可以从闷闷不乐，到悲痛欲绝。

其次，抑郁症的情绪低落是显著而持久的，即患者在相当长的时间里（达到或超过两周）心情压抑苦闷。生活中，我们每个人都会经历情绪上的潮起潮落。但是，我们总能自我调整，在不知不觉中恢复生命的活力。而如果情绪低落、萎靡不振的状况一直持续，无论如何也无法恢复到原有的健康状态，就可能患上了抑郁症。

最后，抑郁症还有一个特点，即反复发作。一般来说，当你在生活中遭遇不幸时，时间是最好的创伤弥合剂，再深重的痛苦也会逐渐淡化。但是，抑郁症相反，它不但不会随时间流逝而自然好转，即使治愈后，也还会反反复复，一不小心就会复发。

总之，抑郁症与正常的悲伤不一样，它会干扰人的生活、工作、学习能力、食欲、睡眠以及乐趣，甚至可能吞噬人的生命。

那么，如何区别“抑郁情绪”和“抑郁症”？

2. 抑郁症的症状

抑郁症是一个发展过程，从“阴雨天般的心情”即抑郁情绪，逐渐发展到郁郁寡欢，继续发展到失去自信、兴趣和感受快乐的能力。有人将抑郁症的症状归结为“六无”：无兴趣、无价值、无希望、无意义、无精力、无办法。最后还会表现为认知失调、行动退缩、思维障碍及行动障碍等，严重者甚至不语不食，生活无法自理，呈木僵状态。最极端者会自杀。

抑郁症有三大核心症状，即抑郁“三联征”和七条附加症状。重度抑郁症包含至少 2 个核心症状和至少 2 个附加症状。

抑郁“三联征”：

（1）情绪低落，表现为：感觉生活没意思，高兴不起来，特别是兴趣与愉快感丧失，郁郁寡欢，痛苦难熬，度日如年，不能自拔。

（2）思维迟缓，表现为：脑子不好使，记忆力减退，思考问题困难，觉得脑子空空、变笨了。

（3）运动抑制，表现为：运动机制受限，精力减退，不爱活动，走路缓慢，言语少等。

附加症状：

①自信心丧失和自卑；

②无理由的自责或过分的罪恶感；

③反复出现自杀念头；

④精神运动性改变，激越或迟滞；

⑤睡眠障碍（失眠、早醒或嗜睡）；

⑥食欲改变（减少、增加或暴饮暴食）；

⑦身体不适，功能性疼痛（恶心、口干、头痛或关节肌肉疼痛）。

需要警醒的是，还有一种“非典型抑郁症”，可能只表现为躯体症状，比如身体的不适、疼痛等，而并无显著的情绪障碍。这些躯体症状与一些生理疾病的症状相似，又称为“隐匿型抑郁症”，它非常容易因误诊而耽误治疗。

【描述·抑郁体验】

首先，抑郁症和其他疾病一样，患者的躯体经受着痛苦折磨。比如，头痛。这种疼痛是一种钝痛，不剧烈，但沉重，有重压感。它有如一片乌云，盘踞在你的大脑里。有时候突然消失，就像是被风吹走；但你不敢放松，因为你知道，它还会不期而至，你恐惧地等待着它的到来……

再如，胸闷、胃痛、肩颈痛、耳鸣、心慌、食道堵塞感和烧灼感，等等。不同的患者，会有不同的躯体症状；同一个患者，在不同的时期也会出现不同的症状。当病程发展，且出现服药不良反应后，病人又会合并程度不同的行动障碍。手抖，走路不稳，触觉敏感，易惊跳，坐立不安。类似于焦虑症状，医学上称之为“精神运动性不安”。再往后，会发展到思维障碍、阅读障碍、语言障碍；怕风、怕水、怕声音……全身心的痛苦，称之为度日如年，绝不夸张。

其次，专属于抑郁症的一个特点，是快感阻断。当发展到重度阶段，属于人类的所有快乐，各种欲望，统统消失了。患者每天情绪极度低落，觉得做任何事情都毫无意义。对于他，人生不再是新鲜和快乐的旅程，而变成痛苦的炼狱。

再次，与快感缺失相关的另一个特征是绝望。这是抑郁症患者的又一共性。自我评价无限降低、自责、自罪，患者普遍觉得未来一片灰暗，看不到任何希望。痛苦和巨大的无价值感，足以吞噬他的一切。

最后，最可怕的，是情感的丧失。当病程再发展到一定程度，患者会变得麻木、呆滞。抑郁症的一个基本的表现，就是患者不再能体验情感和生活的美丽。世界上的一切，喜怒哀乐、爱恨情仇，都与他无关。亲人朋友近在咫尺，他却远在天涯。他不但丧失了快乐、希望，最后还丧失了爱的能力、审美的能力。这个时候，人就成了一具躯壳，成了行尸走肉。（摘自《为何抑郁症患者容易自杀？》，作者张进）

【案例 · 焦虑】

我退掉了先前租的房子，想搬到更便宜的地方去，但是我就是无法完成搬家这件事。我瞬间崩溃，焦虑把我瓦解。早上三四点我就被一阵阵强烈的恐慌感惊醒，那紧张的劲儿让我恨不得从6楼的窗户跳出去，也许那样还舒服点儿。和别人在一起的时候，我总觉得自己会因为压力过大而昏过去。三个月前，我还能好端端地去上班，而现在，世界已离我而去。

它真正来袭是在我退了房子两个星期后，我发现我迫切需要搬家，但是我却出不了门。我感觉人们都欺骗我，我就像只草原上负伤的动物。我完全崩溃了，几乎一整天不吃任何东西。我一副精神分裂的紧张模样，就好像受到巨大惊吓一样，这让我看起来举止怪异。我的记忆力短暂丧失，后来更糟，我无法控制地腹泻，甚至会失禁。我好像活在恐怖的地狱里，无法离开这间房子半步。（摘自《重口味心理学2》，作者姚尧）

【案例 · 死亡意念】

不能站在阳台。十二楼。可惜防盗网太丑陋，太碍事。好想飞下去，像一只蝴蝶那样飞，像一片纸屑那样飞。接触到地面的那一刹那会有多痛呢？我喜欢白天飞，天空晴朗的日子飞……只要目光一看到阳台，思绪就飞舞起来。我费劲地像拔河那样将视线拔回来，双手抓住一边门框或椅背。我无数次闭上眼睛，让自己退回到客厅里，退回到书房的角落里。我知道这是心魔在作怪。我蜷缩在角落里，脊背紧贴镶嵌在墙旮旯里，心里却有异形怪兽的黑影吼叫着，破腔而出，一次又一次地，旋风般扑出去。它长啸着，横扫一切障碍扑向天外。（摘自《旷野无人——一个抑郁症患者的精神档案》，作者李兰妮）

3. 抑郁症的病因

迄今为止，抑郁症的病因并不清楚，但可以肯定的是，生物、心理与社会环境诸多方面因素参与了抑郁症的发病过程。常见公认的病因包括：

➢ 遗传因素　抑郁症的发生与遗传因素有较为密切的关系。抑郁症一般被分为内源性和外源性两大类，内源性抑郁症往往由躯体内部因素引起，带有明显的生物学特点。这个“内部因素”其实就是基因特点，往往通过遗传获得，它是造成大脑中三种神经递质（5-HT、去甲肾上腺素、多巴胺）失衡的根源。

在现实生活中，经常可以观察到，一个抑郁症患者的直系或旁系亲属中，还会有其他精神疾病患者，说明这个家族遗传倾向明显。上海精神科医生颜文伟认为，在全世界人口中，有5%~10%的人有这种遗传基因，容易得抑郁症。

➢ 生物化学因素　研究发现，抑郁症是患者大脑中三种神经递质不平衡所致。人脑中有几亿个脑细胞，称为神经元。两个脑细胞之间，有一个间隙。人脑传递信息时，前一个脑细胞的神经末梢就会释放出一种化学物质，其使命是载着信息，跨越间隙，像邮差一样把信息传递下去。这个化学物质，就叫神经递质。

大脑的神经递质有很多种，最主要的就是三种：5-HT、去甲肾上腺素和多巴胺。这三种神经递质，其功能不完全一样。比如，5-HT 掌管情感、欲望、意志；多巴胺传递快乐；去甲肾上腺素提供生命动力。如果这三种神经递质失去平衡，神经元接收到的信号就会减弱或改变，人体就会出现失眠、焦虑、强迫、抑郁、恐惧等症状，表现为抑郁症、双相情感障碍、精神分裂症，以及其他大脑疾病。

【案例·张国荣】

2013 年，张国荣逝世 10 周年，他的姐姐张绿萍首次公开了张国荣患抑郁症的原因。张绿萍在采访中说道："很多人都以为哥哥生病，是因为在娱乐圈里面压力太大而让他感到精神压力很大。其实，我从一开始也以为是娱乐圈压力使然，但出了事之后，有位医生写了一份 4 张纸的信，解释给我听，说抑郁症在医学上分两类：一种是 Clinical Depression，因为脑部化学物质不平衡了，是生理上的；一种就是大家明白的有不开心的事什么的导致的。哥哥就是第一种。"

➤ 心理社会环境因素　一些研究提示，社会重重压力，种种负担和不幸的生活事件，如失业、失去至爱亲人或朋友、患病、离婚等，可导致抑郁症。有时，抑郁症的发生也可能与躯体疾病有关。一些严重的躯体疾病，如脑中风、心脏病发作、激素紊乱等，都有可能作为压力源引发抑郁症。

➢ 性格基础　一些抑郁症患者在其儿童期，曾经有母子分离、被父母情感忽视、照看者心理障碍导致孩子心理养育环境不稳定等问题。这样的孩子长大后，容易悲观、自卑、缺乏自信心、对生活事件掌控感差、多疑、过分担心。这些性格特点会加重应激事件的刺激，容易导致抑郁症。

由此可知，儿童期经历、自身性格因素、家族遗传、脑部化学物质不平衡、与情绪有关的脑神经环路失调、长期受躯体疾病困扰、遭遇重大打击……这些因素都可能导致抑郁症。

但并非有上述困扰的人都一定会罹患抑郁症，好比同样淋了一场雨，有的人会感冒，有的人却不会。每个人的身体和心理素质不同，对抑郁症的抵抗力也不同。

同时，我们也要知道，任何人都有可能在其一生中的某个阶段患上抑郁症，甚至可能没有什么特殊原因，就像“闹钟到了一定时间就响了”，没有谁是对抑郁症完全免疫的。我们都需要具备对抑郁症的充分认知，才能做好抑郁症的早期识别及防治。

4. 易患抑郁症的人群

尽管现代社会人们更容易被抑郁症侵袭，但这并不表示抑郁症是现代病，或只针对某类人。

抑郁症古已有之，公元前 8 世纪古希腊的文献中就有对抑郁症的描述。它既不是人类的弱点，更不是衡量意志、品格或运气的标尺。没有哪种人可以对抑郁症免疫，患抑郁症的人不分职业、种族、性别、年龄、财富多寡、地位高低、知识高下。

因此，以下所列易患抑郁症的人群分类，并不表示抑郁症只袭击这类人。

➢ 贫困人群：比如中国国企下岗人员和农村留守人员，是抑郁症高发群体。研究已经证明，贫困是抑郁症的一大诱因。贫困使人抑郁，抑郁更使人贫困，二者交互作用，导致精神障碍与孤立。接受社会救济的人群中，抑郁症比例是总人口患病率的3倍。

➢ 18~35岁的青年：青年人处于性格成长期，家庭、学业、工作压力较大，是容易患上抑郁症而又被大家所忽略的群体。尤其是青少年抑郁症如未引起重视和及时治疗，很容易酿成悲剧。

➢ 事业有成的人：他们有了一定的社会地位，责任比较大，精神压力也比较大，患病的概率比较高，如企业家、社会精英。

➢ 艺术创作类人群：从事艺术创作类工作的人性格都比较敏感，工作、生活往往也不规律，如诗人、音乐家、画家、演员等，他们患抑郁症的可能性比一般大众高8倍。

➢ 从事琐碎细致工作的人：有一些行业需要从业人员投入大量时间和精力，且处理的大多是繁杂琐碎的事，他们更容易患上抑郁症，比如教师、警察、财务、医护人员等。

➢ 慢性疾病患者：长时间患有某种身体疾病者，很容易导致抑郁症；而抑郁症会降低免疫力，从而使身体病情更加恶化。

➢ 孕妇或初为人母的女性：一些女性因为心理上没有做好当妈妈的准备；一些女性则在孕期出现神经内分泌系统紊乱，在这些情况下容易患上产前或产后抑郁症。

5. 双相情感障碍（躁郁症）

从病理角度来说，双相情感障碍和抑郁症是两种不同的疾病。但由于双相情感障碍的抑郁相与抑郁症完全相同，所以人们也习惯于把双相情感障碍的急性抑郁发作，视为抑郁症。故此，本手册也将双相情感障碍的识别，收录其中。

顾名思义，双相情感障碍是一种既有抑郁发作又有躁狂发作的疾病。躁狂相的特征是兴奋、激动、乐观、情感高涨；抑郁相恰是另一极端，是悲观、呆滞、情感低落、思维迟缓、运动抑制。二者可交替循环发病，一个阶段化悲为喜，一个阶段又转喜为忧。如果你坐过过山车，体验过加速、坠落和抛升，你就会明白，这种情绪上的过山车式体验便是躁郁症。

双相情感障碍比较特异的是躁狂相。医学记载，躁狂相的具体表现为：

（1）心境高涨，自我感觉良好，整天兴高采烈，得意扬扬，笑逐颜开，富有感染力，常博得周围人共鸣，引起阵阵欢笑。

（2）思维奔逸，反应敏捷，言语增多，滔滔不绝，信口开河，眉飞色舞。内容不切实际，经常转换主题；目空一切，自命不凡，盛气凌人，不可一世。

（3）活动增多，精力旺盛，不知疲倦，兴趣广泛，动作迅速，忙忙碌碌，爱管闲事，好为人师；常挥霍无度，慷慨大方，举止轻浮。

（4）面色红润，双眼炯炯有神，心率加快，瞳孔扩大。睡眠需要减少，入睡困难，早醒，睡眠节律紊乱；食欲亢进，暴饮暴食；对异性兴趣增加，性欲亢进。

虽然同属于心境障碍，与抑郁障碍相比，双相情感障碍的临床表现更复杂，自杀率高于单相抑郁症。绝大多数双相患者的自杀，是在抑郁发作或混合抑郁状态下发生的。

问题是，患者轻度躁狂发作时，自我感觉良好，并不知道自己患病；直到躁狂发作过后，患者不得不拖着疲惫不堪的身体奔向另一个极端——抑郁。这时，他们的活力和热情消失，言谈、思考和行动变得迟缓，生活变得无趣，从世界之巅坠入无限黑暗深渊。就这样，抑郁与躁狂相互交替、周而复始、永不停歇、没有尽头。

而患者在就医时，却只会着重描述抑郁发作时的感受，双相情感障碍因此非常容易被误诊为单相抑郁症。

美国最近有一个研究，跟踪随访了13年前被诊断为抑郁症的200名患者，发现当年被诊断为抑郁症（单相）的患者，46%最后被确诊为双相情感障碍。即目前被诊断为抑郁症的患者中，可能接近一半实际上是双相情感障碍患者。

双相情感障碍如果按照抑郁症（抑郁障碍）来治疗，一是难治，二是解除抑郁后，会导致转向躁狂，发病频率明显加快；发作频率越快，治疗难度越大，患者自杀风险越高。

三、抑郁症的认知误区

社会上很多人对抑郁症误解重重，对患者另眼相看。

对癌症患者，人们往往会抱以同情，或者赞扬他们和病魔做斗争的坚强；但是对抑郁症患者，通常显得冷漠、回避甚至是嘲笑。他们会想当然地认为，抑郁症是患者意志不够坚强所致。

事实上，抑郁症是一种生理和心理交错的疾病。由于大脑发生功能性病变或器质性疾变，患者遭遇意志无法控制的精神障碍和痛苦，局外人也许永远不能体会到患者的痛苦。他们甚至会站在道德制高点上，居高临下甚至带有一丝优越感地同情、开导或者指责患者，这是不科学也是不公平的，也会让身边患有抑郁症的朋友产生病耻感，羞于言病，更没有勇气寻求救助。

对抑郁症的常见认知误区如下：

1. 抑郁症 = 精神病？

生活中，很多人一听说“抑郁症”，就把它和“精神病”联想在一起。实际上，抑郁症的确是一种情感性精神障碍（心境障碍），它与常见的强迫症、焦虑症、失眠症等同属于精神类疾病的范畴。而大众观念中的“精神病”，实际上是医学上所指的精神分裂症。精神分裂症患者会出现行为失常，就是所谓“疯疯癫癫”的表现，而在理性上，抑郁症的病人和正常人很接近，思路很清晰，与“精神病”大不一样。

另外，大众误解精神类疾病患者容易做出伤害他人的举动，十分危险。实际上，与普通人群相比，精神病人的肇祸比并不高，重性精神病中仅约10%的患者有肇祸行为及危险。由于精神病人的肇祸事件被过度渲染，导致社会对精神病患者（精神障碍患者）产生了恐惧、歧视，增加了精神病患者（精神障碍患者）及病人家属的“病耻感”。

现实中，很多人，包括患者本人，也觉得得了抑郁症很丢人，没有勇气迈入精神科门诊的大门。其实，抑郁症也是疾病，是疾病就需要治疗。全社会应该给抑郁症患者多一些关爱，如果都歧视抑郁症患者，不能得到有效治疗的患者就会越来越多。

2. 性格软弱、心胸狭窄的人才会得抑郁症？

抑郁症每个人都可能得，它和心胸狭窄或意志薄弱没有直接关系。历史上罹患抑郁症而性格坚韧的伟人比比皆是，如，美国第16任总统林肯，“二战”时期的铁腕人物美国第26任总统罗斯福，英国前首相丘吉尔，硬汉作家海明威，等等。

【案例·张家辉】

张家辉在云南拍完《红河》返港后，发觉无法以个人意志战胜情绪低落、多疑、无动力、脚冷及失眠，最终要去求医。张家辉说：“见医生后被证实患上轻度抑郁，也证实我绝不能用意志力去征服这个病。不过最放心的就是听到医生说抑郁症好普通，好多人都有，适当医治很快就复原！”

3. 笑脸迎人、开朗乐观的人不会得抑郁症?

抑郁症患者的表现并非总是以泪洗面。有部分患者表面上笑脸迎人、乐观开朗，其实这并非来自内心深处的真实感受，而仅仅是为了工作、面子、礼仪，强颜欢笑。这样的抑郁症，又被称为“微笑型抑郁症”，多发生在那些身份高、学识高、事业有成的成功人士中，男性多于女性。这类人在社会上给人的印象是呼风唤雨，无所不能，表现得十分强大，能力似乎不容置疑。他们即使患上了抑郁症，往往也不会向他人诉说。

【案例·杨干华】

2001年3月29日，广东省作家协会副主席、著名作家杨干华因抑郁症自杀离世。朋友在纪念他的博客中写道：“他人很好，说话滑稽幽默，满脸笑容、满头白发，像个老顽童。”他自杀前一天还在开党组会，讨论作协工作，没有任何异常言行。他走得很冷静，留下百字遗言，声明他的离去跟任何人都无关，并从容交代后事。

4. 抑郁症是都市人才得的富贵病?

有人认为抑郁症是都市人才得的“富贵病、矫情病”，但有关调查显示，贫困人群是抑郁症高发群体。接受社会救济的人群中，抑郁症比例是总人口患病率的3倍。在中国农村，青年女性自杀的数量几乎是城市女青年的5倍，其中很多是抑郁症。但是，由于在中国社会，特别是农村，主流文化仍是男权文化，农村女性自杀事件并未受到很多关注。

而农村相对落后的医疗条件加上唾手可得的剧毒农药，让患有抑郁症的妇女更容易自杀。

【案例·隐匿】

回龙观医院北京心理危机研究与干预中心副主任张艳萍在接受《中国新闻周刊》的采访时说，曾有这样一个案例令她颇受震撼：一个农村女教师结婚不到一年，便把自己反锁在屋里，喝下农药自杀了。她留下一封遗书，称自己的死和其他人无关，只是因为觉得生活太痛苦了。后来调查得知，其实她死前是有征兆的。自杀前，她变得非常不爱说话，还总是起床很晚耽误上课。而且据其家人回忆说，她在上中学时曾有过短时间的抑郁状态。这是典型的抑郁症。遗憾的是，这是在她死后家人才知道的。

5. 抑郁症仅是“心灵感冒”？

如果说，把抑郁症视为像感冒一样的常见病，那么把抑郁症理解为“心灵感冒”是有道理的。但又必须知道，治疗抑郁症，绝不像治疗感冒那样简单，一是需要更长的时间，短则半年，长则数年；二是需要极强的毅力，树立信心，坚持服药，战胜自我。

所以，对于治疗抑郁症，一定要有足够的打“持久战”的精神准备，不能简单地把它视为“心灵感冒”，认为“一治就好”。否则，患者会因为治疗迟迟不能见效，以及在治疗中经受各种痛苦，而心情沮丧，悲观失望，最后放弃治疗。

6. 抑郁症是心理问题，不用吃药？

在关于抑郁症的各种认知中，将抑郁症看成一种单纯的心理疾病，恐怕是流传最广、影响最大的误解。正因为如此，很多抑郁症患者以为，只要有坚强的意志，靠自己就能“走出来”，因而拒绝精神科医生和药物的帮助。实际上，抑郁症根据不同的轻重程度有不同的应对办法。轻度抑郁症可以不吃药，通过心理治疗及自我调节得到缓解（心理治疗应该限时，如治疗 6 周抑郁症状无改善时，则需考虑采取药物治疗）；中度抑郁症患者可以用药，也可以不用；重度抑郁症患者必须用药。

对于重度抑郁症患者来说，药物是根本，心理治疗是辅助。要在家人支持下及时寻求精神科医生的帮助。

【案例·崔永元】

2002 年，崔永元突然离开《实话实说》，很久之后，他才公布原因：自己得了重度抑郁症，每天都在想着自杀。面对抑郁症病魔，崔永元顽强抗争——抵御误解、接受治疗、大把吃药、坚定信心，“这个病正在恢复中，我相信我会变成一个健康人的”。他公开自己的病情真相，就是要告诉大家：如今越来越多的人确实存在这种病，如果你身边有患心理疾病的人，不要歧视他，一定要鼓励他去看医生。

7. 吃药会变傻、变笨？

这个误解，多半出于对药物不良反应的恐惧。不良反应确实存在，有的表现为口干、视力模糊、排尿困难、便秘、轻度震颤及心动过速等，有的可能引起直立性低血压、心动过速、嗜睡、无力等症状。

但是，不良反应也没那么可怕。很多患者一打开药品说明书，就被上面列举的密密麻麻的不良反应吓倒，不敢吃药。其实，西药对于不良反应，是"丑话说在前头"。西药上市前，要进行多期药物试验，只要任何一名患者出现一种不良反应，说明书都会把它一一列举出来。事实上，出现这些不良反应的概率非常低。而且，在很多情况下，只要身体逐渐适应了药物，不良反应也就会逐渐消失，绝不会让人变傻、变笨。

患者还应区分不适感究竟是药物不良反应，还是症状本身。不良反应也因人而异、因时而异。不良反应的大小和患者本身体质关系很大，与他服药时的内环境包括心理状态也有关，不可一概而论。

对于疾病和副作用的利害关系，应是"两害相权取其轻"。无论如何，不良反应和抑郁症对人的精神、肉体的摧残相比，微不足道。绝不能因为害怕不良反应而中止治疗。

8. 抑郁症用药就应该立竿见影？

全球每年都会向市场推出数十种抗抑郁新药，但迄今为止，尚无一种抗抑郁药具有立竿见影的效果。

一般来说，西药发挥作用是立竿见影的，可是抗抑郁药是个例外。这是因为，抗抑郁药作用于大脑，要经历一段漫长的旅程。实现改善大脑神经递质的功能，既需要足够的药量，也需要足够的时间。任何一种抗抑郁症药起效，至少需要 4 到 6 周的时间，有的甚至需要 6 到 8 周。这就是"足量足疗程"的由来。因此，病人即使在医生指导下对症下药，效果也至少在 2~3 周之后才开始出现。对此，患者和家属必须有充分的耐心。

很多患者不知此理，服药三五天后，发现没有效果，就失望而停药；也有的患者坚持服药一段时间，正面效果没有显现，不良反应却先期到来。他看不到前景，又难以忍受不良反应的痛苦，中途放弃服药，功亏一篑。

因此，无论选用哪种药，都必须用足治疗剂量。不要期待奇迹发生，要咬紧牙关坚持，一直到药物起效。

四、关爱精神健康，预防胜于治疗

我国社会大众对抑郁症基本防治知识所知甚少，使得人群中抑郁症患者的未治率居高不下。面向社会大众广泛宣传和普及抑郁症防治知识，是一项极为关键的常规任务。

开展此类健康教育，不仅是整个精神卫生健康教育的重要内容之一，对提高我国社会人群的心理素质和生存质量，也有着重要的意义。

2013年5月1日，《中华人民共和国精神卫生法》正式实施，把“预防”确立为精神卫生工作的主要方针。其中明确规定：政府、单位、家庭等都有“开展维护和增进公民心理健康、预防和治疗精神障碍、促进精神障碍患者康复活动”的义务和责任。通过媒体、专业机构、社会团体广泛宣传，引起大众对精神卫生问题的关注，增进预防为主、预防胜于治疗的意识，是我们共同的责任。

1. 自我预防，保持精神健康

尽管抑郁症病因至今未明，但还是有一些措施对预防抑郁症有正面效果。比如锻炼身体，增强体魄，便可以在一定程度上抵御身体疾病。抑郁症自我预防，就是保持精神健康的重要方法。

➢ 让自己睡个好觉

失眠，是抑郁症最常见的预测性因素，长期失眠者发生抑郁症的风险很高。都市人群工作、生活压力大，睡眠质量普遍偏低。应戒除熬夜、酗酒等不良生活习惯，保证健康高质量的睡眠。这能在一定程度上预防抑郁症的发生。

➢ 多进行户外活动

昼夜颠倒、宅在家里、一刻不离电脑或游戏，是现代一部分人长期的生活方式，这会增加患上抑郁症的概率。

适度的户外运动是预防抑郁症的天然药物。2005 年，美国哈佛大学科学家研究发现，经过 3 个月的严格体育锻炼，患者的抑郁症状有明显改善，与接受抗抑郁药物治疗的效果相似。研究者推测，体育锻炼可以促进脑内有益化学物质比如“内啡肽”的分泌。这种物质可以使人心情振奋、精神愉悦。其他研究也发现：锻炼可以改善诸如惊恐障碍、心理创伤和其他焦虑性心理问题。

体育锻炼还能改进自我形象，得到团体成员的帮助，分散对日常忧虑的过分关注，提升对所遇问题处理的自信心。这些都有利于情绪的改善。

➢ 释放压力、调节情绪

每个人对压力的适应能力都不一样。首先要学会自我调节，疏解内心压力、释放情绪，建立自己的独特的心理调节方式，比如唱歌、聚会、做义工等。无论什么样的方法，只要适合自己，都能在一定程度上预防抑郁症。

对容易抑郁的人或曾经出现过抑郁症状的人而言，在压力大的时候，寻求专业的心理咨询或心理治疗，是一个好办法。

➢ 寻找精神寄托

当人们面对无法解决的困境时，信仰可以令其坚定。面对痛苦绝境，有信仰的人能够承受更多。从心理学的角度看，宗教产生的一个原因，就是因为人们很脆弱，承受力有限，需要一个强大的精神寄托。

即使你没有宗教信仰，也可以适当尝试接受一些宗教思想，或进行一些宗教活动、冥想、禅修等。这对心理因素导致的抑郁症能起到一定的防控作用。

2. 及早干预，更易治愈

对很多患者来说，早期情绪异常很可能是抑郁症的前驱症状，只是由于症状不典型，易被患者及家属忽略，在很多医院也容易被误诊，从而耽误最有利的治疗时机。因此，要注意关注自己和家人的精神状况，进行早期精神异常评估，做到早发现、早治疗，以免给自己和家人带来伤害，造成不可挽回的悲剧。

【案例 · 延搁】

25 岁的小刚来就医时是一名严重的抑郁症患者，尽管其病史有好多年了，但直到他有吃药自杀的行为，家人才带他来医院就医。

其实，小刚“不正常”已有数年，第一次是小刚18岁刚刚上班的时候，工作得好好的，小刚突然表示不想去了，感觉没意思。之后，小刚在家休息了三四个月，其间不出门、不见人，天天在床上躺着。家人只是感觉他心情不好，没人觉得这是病。后来在家人的劝说下，小刚找了份新的工作，可干得好好的，过了一阵，他又不去上班了。这次除了不出门、不见人等症状之外，还变得疑神疑鬼，并表示活着没意思。后来，小刚总是这样反复，精神好一阵坏一阵，家长都没有太在意。直到前一段时间，小刚要吃药自杀，被家人及时发现才送医院诊治。

“如果第一次发病就来就医，其治愈率能达到80%~90%，如果患者疾病反复发作致病重之后才来就医，其治愈率大大下降，风险性就会上升。”河北医科大学第一医院精神卫生研究所主任王学义说，一些患者往往患病早期没有干预，几年之内时好时坏，加上遇到生活事件刺激等因素，患者病情会不断加重，导致治疗难度大大增加。(《河北日报》，2013)

无论是自己，还是身边的朋友，若是发现有抑郁症的倾向，不要过分忧惧。保持良好心态，及早接受正规治疗，大部分抑郁症患者都可康复。

3. 关爱他人，从倾听开始

中华医学会主编的《抑郁障碍防治指南》指出：“耐心倾听患者的自动述说，使患者感到有人正在关心和理解他。倾听，是所有治疗的前提。”耐心的陪伴倾听、无条件的理解对抑郁症患者的康复可有较大帮助。

➢ 倾听，不要怜悯或争论

当患有抑郁症的亲人或朋友向你倾诉他的痛苦时，我们如何“倾听”？北大六院院长助理姚贵忠说：“如果是重度抑郁症患者，以陪伴为主，减少说教，不做思想工作，不提指导性意见，默默地陪伴，患者有需要就给予帮助；如果是轻症患者，要了解他想要什么，可以谈得比较深入。但主要是让他倾诉，切忌以社会标准要求病人。”倾听，也是一种安慰。

➢ 鼓励，不要指责和打击

抑郁情绪严重的人往往会自卑自责，当有抑郁倾向的朋友在你面前表现出对自己的失望和否定时，你一定要鼓励他/她，告诉他/她：“你是病了，不是错了”，认可他/她的长处，引导他/她承担一些力所能及的事务和责任。

➢ 陪伴，不要冷漠和疏离

如果你身边的朋友有抑郁倾向，一定要多陪伴他/她，最好叫上他/她一起去做运动，如爬山、打球、跑步等，不要因为他/她的推托而放弃。朋友的陪伴和运动都能缓解抑郁情绪。最后，如果对方的抑郁情绪加重，一定要劝导，并陪他/她一起去看精神科医生。

当然，劝说患者参加活动，也要恰到好处，不能强制。不然患者觉得难以忍受，会起到负面效果。

北大临床心理学系临床心理学家钟杰副教授在一次演讲中说，他的一个学生连续两星期都很抑郁，对任何事都提不起兴趣。他叮嘱对方注意自己的精神状态，警惕患上抑郁症的危险，对方恍然大悟道：哎呀，我是干精神科这个专业的，怎么都没察觉到自己的状况呢！

钟杰老师最后说：“你身边多一个人具备心理健康的基本认知，我们就多一分安全，因为，你的身边会多一双眼睛照看你！”

4. 传递爱与知识，共筑生命蓝天

迄今为止，人们对抑郁症的认识还非常初级，世界各国对抑郁症的治疗都还停留在积累经验和摸索的阶段，再加上精神卫生建设及医疗方面的不足，我们和抑郁症做斗争还任重道远。因此，我们更需要做好对精神类疾病的防控。

在此，我们摘录了财新网记者对北京安定医院精神类疾病临床治疗的主任医生姜涛的采访，以供借鉴：

Q：最好的治疗是预防。抑郁症的预防有什么难点？

A：所有疾病的防控其实都应该形成网络防控体系，尤其是抑郁症。治疗的效果总是有限的，重要的是病人自己的预防。这和他的文化程度、家庭关注、社会关注都有关系。如果自身重视，又有家庭支持、社会支持，才能做到个人的防控。没有一个社会支持系统，光靠患者本人，90%的患者都做不到很好地预防。

Q：社会支持系统现在怎样？

A：社会支持不够，政府投入不够，国民对抑郁症的认识不足。按道理，对抑郁症，应该有三级（医院、社区、家庭）防

控。现在都很不到位。

Q：如果抑郁症不加治疗，或者治疗效果不好，最后会演变成什么状况？

A：一是自杀，二是变成慢性抑郁。自杀率上升，失业人群多，抑郁症病人家庭受拖累，社会负担加重，国家财政也受损失。

Q：慢性抑郁会怎么样？

A：病人会持续处于一种社会适应不良状态，人际交往功能下降，社会功能受损非常严重。他的智力可能不会下降，但是认知功能下降明显，丧失大部分工作能力，天天在家待着，什么都不能干。这也可以称为精神残疾。这样的人不是一个两个，国家财政的负担就加大了。

Q：有这么严重？

A：当然。整个社会对于抑郁症关注不够，重视不足。即使患者就在我们身边，我们也不一定能够意识到这方面的问题，从而患者得不到及时的诊治。

良好健康的社会精神环境，是个人精神健康的一道外围防线。抑郁症的成因中，“环境因素”即是指整个社会的精神环境对个人精神状态的影响。一个充满戾气的社会环境，无异于精神空气的“雾霾”，对个人的精神心理状态有极大的影响和摧残。而健康的社会精神卫生环境，需要我们共同打造。

一句叮咛、一次倾听，也许就能挽救一个陷于精神困扰的生命。你帮助到的，可能是你的朋友，还有朋友的朋友，朋友的家庭……让我们共同参与传播精神卫生知识，传递关爱。我们每个人，既是传播者，又是受益人。拒绝冷漠、旁观和空喊口号，为传播精神健康知识出一份力，你我携手同行，共筑生命蓝天。

附录三

渡过抑郁后的“第二人生”：从一个人到一群人

写在前面

2012年之前，我是一位标准的媒体人，长期从事突发事件、公共政策、法治、环境等报道。从业30年，我亲身经历了中国的一系列大事件，如果没有意外，这条路我会一直走到底的。始料未及地，2011至2012年，我突发抑郁。不经意间，人生转向，从此进入“第二人生”。与“第一人生”相比，这条路更加艰险，但也更有意味。这是一片神奇莫测的彼岸彼土，有绮丽的风景，有无穷的可能性，复杂深邃，变幻无穷；既散魂而荡目，迷不知其所之。我一直喜欢“现实的理想主义者”的理念，正是我的期许和追求。因此，今天，我就和大家来讲一讲，我从“第一人生”到“第二人生”的故事。希望能给更多正在经历抑郁、焦虑等负面人生状态，或者关注这些状况的解法的朋友们一些启发。

2020年5月23日，“渡过”第三个实体——“渡过”深圳心理健康中心成立。开业仪式上，我简单回顾了“渡过”的历程，把九年走过的路划分为四个阶段：

1. 个人体悟阶段；

2. 传播知识阶段；

3. 社区互助阶段；

4. 问题解决阶段。

我说，目前我们正处于第四阶段，并希望还能进入第五阶段——发现规律阶段。因为我们的目标，是探索一条“完全、实用、个性化、有温度”的心理健康之路。

一、人生最低谷

先从第一阶段说起。所谓“个人体悟”，说得更直白一点，就是得了抑郁症——这是我在半百之年人生转向的渊源。

追寻我的抑郁轨迹，可以上溯到2008年的汶川地震报道。

那时，我在财新传媒的前身《财经》杂志负责政经报道。5月12日，汶川地震，此后整整两个多月，我把全部精力投入这场新闻界的大会战中。

我清晰地记得，报道结束后的一天，躺在办公室的沙发上，我突然感受到一阵前所未有的劳累。我甚至能依稀回忆起，那种“累”，是一种突如其来的、弥漫性的、梦境般的疲倦。它像海潮和黑夜一样，一点点泛起，逐渐淹没全身；我躺在那里，好像身体已经不属于自己，全身力气被抽空，一动也不能动。

11 年后的 2019 年夏天，我在一篇文章中，把这个感受命名为“瘫痪性疲劳”，并由此得出一个结论：抑郁是人体对于能量耗竭的消极自我调整——这构成了我的“抑郁完整认知框架”的逻辑闭环。

之后，我的状态逐渐下滑。失眠、乏力、记忆力下降、注意力涣散……那时并不知道，这些正是抑郁症的先兆。

2011 年 11 月前后，我的工作能力断崖式下跌。情绪低落，反应迟钝，判断选题不再能决断；开小组会时，大脑会突然断片，张口结舌。同事们比我更早觉察到变化，一位小同事曾问我：“张进老师，你最近怎么不怎么笑，也不怎么说话，也不爱吃。是不是同事辞职你心里难受啊？”

我内心茫然，不知所以，只能苦涩地一笑：“大概是睡眠不好吧。”这是我唯一能做出的解释，因为我每天睡觉的时间，已逐渐从五六个小时，减少到三四个小时。

到 2012 年 3 月“两会”时，我已经发展到服用 2 粒安眠药，也只能挣扎着睡上一两个小时。给记者编稿，短短几百字，硬着头皮看了半天，一个字也看不进去；或者说，看到的都是字，却不能把这些字连贯成完整的意见。

非常恐惧，却不明其所以。后来才知道，这就是生命能量的流失，是抑郁症最明显的特征。

恰在那一段时间，有几位同事先后辞职。3 月 9 日中午，我打开邮箱，又看到一位记者的辞职信。如果是从前，我会立刻惊跳起来，想方设法慰留；但那天，我反应漠然，因为已经没有能力表达更复杂的感情。内心深处，一个苍凉的声音响起：“走吧，走就走吧；我也干不动了。”

几天后，我提出休假。起先以为，休整几天就会好，哪知一旦脱离工作，绷紧的弦放松，立刻“病败如山倒”，病情急剧恶化。

在病愈后写的第一篇文章《地狱归来》中，我如此描绘病中的惨状：

“那是一段痛苦的时日，每时每刻，大脑都像灌了铅，或者像被一只无形之手攥住，昏昏沉沉，思维缓慢，说话磕巴；胸口火烧火燎地难受；不想做任何事情，或者做任何事情都很犹豫畏缩；不想说话，不敢接熟人的电话，不看短信，或看了短信也不回。”

当然不想见任何人。每天早晨从一睁眼开始，就不知道这一天怎么度过。躺在床上，或呆坐着，或在房间里走来走去。就这样慢慢地耗着时间。

多年后，我把自己当时茫然和恐惧的心态，归结为“四无”：无知、无助、无望、无奈。

更痛苦的是要面对各种好奇、同情、惊诧、怀疑乃至轻视的目光。我曾不无悲凉地写过这样一段话：

“和很多人一样，我也曾不假思索地认为，抑郁症是患者意志不够坚强所致。现在才知道，未曾患病的人，也许永远也不能体会患者内心的挫败、孤独和苍凉。

由于大脑发生功能性病变或器质性病变，他遭遇意志无法控制的精神障碍和痛苦。局外人站在道德制高点上，居高临下甚至带有一丝优越感地同情、开导或者指责他们，是不科学、也是不公平的。”

抚今思昔，从 2011 年 11 月到 2012 年 9 月，是我人生中最痛苦的一段时光。

二、转向精神健康

经过长达七个月的求医、误诊、试药，终于，2012 年 8 月，我临床治疗见效，进入疾病的另一个阶段：从抑郁相转向躁狂相。

三天之内，我的情况急速好转，身体、精神完全恢复。兴高采烈、精神健旺、胃口大开、健步如飞，似乎这半年的痛苦完全是大梦一场，是一段空白。

从抑郁转向躁狂，意味着疾病的复杂化，但对我来说，却是改变的契机。带着劫后余生的狂喜，我不知不觉开始了人生的转向——研究抑郁症，想搞清楚折磨了我半年之久的怪病，到底是怎么回事；并要把我的心得告知同病者，让他们少走弯路。

起初，我用的是“急用先学”法。首先想搞清楚，治疗为何会突然见效。于是把我先后用过的 11 种药，它们的化学结构、适应症、不良反应、毒理药理，挨个研究了一遍；这必然涉及抑郁症的病理知识，并扩展到对大脑的研究；同时阅读大量病例，增加感性认识；再后来，当零散习得的知识断片逐渐交汇，构成一张网络后，我找来大专院校的教材，系统学习一遍，抑郁症的理论知识就基本完整了。

那个阶段学习很不容易，遇到疑难无人可问，只好乘回医院复诊的机会，向我的主治医生求教。最痴迷的时候，我甚至会在每周六赶到医院，旁观我的医生看病。那时北京安定医院的新楼还没有盖起来，我的医生的诊室破旧简陋，身边总是挤满了病人和家属，空气混浊，乱糟糟一片，他无动于衷，从不驱赶。我在诊室一待就是一天，无人过问，任由我观察医生怎么问诊，开什么药；有看不懂的，再回去查书。

如今，在安定医院宽敞明亮、管理规范的新门诊楼，这样的场景已经不可能看到了，为保护患者隐私所有无关人等都被挡在诊室门外。但逝去的这一幕给我留下很深的印象，让我觉得温馨。从个人情感来说，我更喜欢昔日拥挤嘈杂的旧诊室，而不是现在这个宽敞明亮、但却有些冷冰冰的新诊室。

从 2012 年 8 月到 2015 年 3 月，我边学习、边采访、边实践，陆陆续续写了许多文章，最后汇集成我的第一本书《渡过 1：抑郁症治愈笔记》，并由此进入人生的一个新阶段。

三、从建社群到写《渡过3》，行走在路上

《渡过 1：抑郁症治愈笔记》出版后，我的小同事蓝方建议我做一个公众号推广这本书。听从她的建议，2015 年 10 月，我创办了“渡过”公众号，并写下我的初衷：“联合患者、家属、精神科医生、心理咨询师，共同打造一个精神疾病患者的互助康复社区。真实原创，知行合一，自渡渡人。”

最初，“渡过”公众号只是我一个人的写作阵地。完全是顺其自然，“渡过”不知不觉成了一个交流平台，被许许多多患者视为家园。第一个社群建于 2017 年 3 月，其后裂变式发展。截至今天，“渡过”社群已有 60 多个，成员达 2 万多人。

发展迅速，非一人之力，是制度的力量。建群之初，我和各群主订

立规则，最后归结为 24 个字："独立社群，共同价值；民主议事，群务公开；观点自由，协同行动。"当时的想法是：干了 30 年新闻，懂得了一些道理，何不在自己可控范围内，"知行合一"，做一次社会试验？

几年磨合下来，如今，在"渡过"内部，大家已经逐渐接受了上述 24 个字，并落实为具体的行动。可以说，"渡过"社群的发展，为"渡过"的事业奠定了群众基础。

2017 年除夕，"渡过"公众号建立的第二个年头，我在灯下给"渡过"公众号写新年献词。当时窗外暗夜无垠，鞭炮零零星星地闷响，烟花的光破窗而入。我停下笔，关了灯，沉浸在黑暗里。

我想到，近几年越来越多的人加入抑郁症科普行列，下一步，我应该把病耻感问题作为主攻方向。精神疾病从来都是生物、心理、社会三方面因素共同作用的结果，对于精神疾病患者，应把他置入他所处的社会关系之中，包括家庭、环境、时代变迁，做动态的、历史的考察，才能理解疾病、理解患者。

由此，2017 年 4 月，我启动了抑郁症患者寻访计划：去全国各地寻找有代表性的患者，进入他们的生活环境中，描述他们的人生境遇以及他们的社会关系对其疾病和命运的影响，从而为当代中国的精神健康现象，提供一个真实、完整的解释。

在采访中，除了获取写作材料，我还给自己增加了一项任务：传播精神健康知识，帮患者家庭排忧解难。在重庆，我访问了一大家子好几口人患病，全家总共买了 4 本《渡过 1》，还成立了一个微信读书群，叫"学习路上我们手牵手"。现在，这家人最小的患病的孩子，成了《渡过》系列的作者。

还有一位妈妈，从公众号上获悉我的行踪，联系上我，希望我就近看一看她的儿子。她说，儿子本来品学兼优，今年寒假后突然拒绝上学，疯狂玩电脑手机，除了上厕所基本不出屋。两个多月了，昼夜颠倒，一天两顿饭。不和父母交流，不信任何人。

见她忧心如焚，我改变行程，去了她家，和孩子艰难地谈了一个多小时。当天晚上，孩子走出自己的房间，全家人一起吃了一顿晚饭。临别前，我和孩子爸妈商量了应对办法。我劝他们不要慌乱，不要急于让孩子上学；先恢复亲子关系，让孩子凝固的情绪流动起来，同时综合求治。现在孩子妈妈仍然和我保持联系，孩子也在一天天发生变化。

采访过程中，我同步在“渡过”公众号上发表“采访札记”，很多读者得以关注我的行踪，甚至希望参与。一位前同事要求我带她一同采访；一位父亲请求我让他患病的儿子随行疗愈；一位读者提出如果我去他的家乡，他可以赶回家打前站……尽管我没有答应，但他们的信任让我感动。

我隐隐觉得，我的行动获得了某种追随。这个选题的特性，决定了我寻访的大多是中低层百姓。囿于环境的限制，他们平日很难有机会近距离接触不同层次的文化。因此，我的到访，在某种程度上也是一种价值和文化的传播。

时至今日，我如此认识《渡过3：治愈的力量》的意义：首先，历时一年的采写过程让我对精神疾病形成了较为完整和独特的认知框架；其次，《渡过3：治愈的力量》为“渡过”的事业准备了队伍，第一批骨干大多由此集结。所以，《渡过3：治愈的力量》不仅仅是一本书，还是一个路标，一幅路线图。

四、“陪伴者计划”，“渡过”的旗帜

2018年对于“渡过”是重要的一年。经历了七年发展，“渡过”从传播知识阶段，渐次进入实际解决问题的阶段。

在某种程度上，这是一个必然。至2018年“渡过”已成为一个心理障碍患者互助社区，患者和家属的痛苦，我们感同身受，这确立了我们的做事方式，是“以患者为中心，以疾病为标靶，以治愈为目的”，去探索更可及的疗愈模式。

从何入手？2018年3月5日，我在“渡过”公众号上发表《短期是诊治，长期是成长，全程是陪伴》一文，正式提出了“陪伴者计划”的概念。

推出“陪伴者计划”，完全是出于我个人的感受。回忆我自己，从患病之初的茫然无措、被迫就诊；到治疗无效、失望绝望；再到治疗见效、临床治愈，经历了无数严峻考验，走了很多弯路。我后来想，如果有一个过来人，能在当时某个重要节点指引一下，那该多么好啊。

再往后几年，陆陆续续有很多患者和家属找我做咨询，从中我了解到很多各式各样、稀奇古怪的病例，对精神疾病治疗的复杂性和异质性有了深刻理解。我认识到，精神疾病的治疗没有标准化的流程，和其他躯体疾病相比，需要更长的时间、更多的试错、更整体的把握、更精细的调整，而这些是现有治疗体系无法满足的。

关于“陪伴者计划”的想法，在这个过程中逐渐清晰起来：

首先，精神疾病成因复杂，其病理至今仍不明确，无论药物治疗

还是物理治疗，或是心理治疗，都是尝试性的，患者不可避免要“试错”，其疗效存在很大的不确定性。

其次，精神疾病治疗过程漫长，从就医到诊断到治疗到康复，涉及更复杂的因素，需要更长的时间。

再次，精神疾病是生物、心理、社会三方面因素共同作用的结果，其疗效必然和患者所处的环境密切相关。而随着社会节奏加快、竞争加剧，患者的外部环境越来越严酷，这对其康复非常不利。

最后，精神疾病疗愈需要个人努力。毕竟精神疾病涉及精神因素，如果患者没有求治之心和相应的行动，神仙也无能为力；而患者的病况，恰恰使其难以努力。这是一个尴尬的怪圈。

上述四个难点，对精神疾病治疗的主体——精神科医生和心理咨询师提出了更高的要求。但现实中，目前中国精神疾病治疗的两大系统——医疗系统和心理咨询系统，都难以同时应对上述难点。

对于医疗系统来说，当今中国精神医疗资源严重短缺，病人多医生少，患者首诊时间不足，复诊间隔时间久，调药难以及时、准确，疗效往往因此大打折扣；心理咨询系统更不尽如人意。心理咨询行业混乱，花费巨大，种种设置较为严格、僵化，人情味不足，求助者的治疗体验往往不佳。

除此之外，也许共同的局限是：部分医生和咨询师偏重于从自身角度考虑问题。医生认为咨询师是空口说白话，咨询师认为医生只会用药不能治本。各自画地为牢，而不能从实际出发，为患者寻找最适宜的治疗方案。

“陪伴者计划”由此应运而生：鉴于中国精神健康资源严重不足，

“陪伴者计划”的要义，就是发掘、整合、赋能成千上万康复者，使之成为陪伴者，从社会支持层面入手，为患者提供全程服务，从而在医院治疗系统和心理咨询系统之外，构建精神疾病疗愈第三系统。

经过三个月的准备，2018 年 6 月，“陪伴者计划”正式启动。至 2018 年 10 月，“渡过”建立了一支 50 多人的陪伴者队伍，完成了 500 多人次的陪伴。

这时，我们又有了新的追求：单个陪伴者的能力是不全面的，可否把众多陪伴者的优势组合起来，在一个特定的空间和时间内，面对面为患者解决问题？

本着这个设想，2018 年 11 月，我们在杭州举办了亲子共同成长营。这次尝试具有历史意义，它打开了一扇窗口，把“渡过”引入一个新的阶段。从此开始，至 2019 年 11 月，我们总共办了九期成长营、一期复学营，“陪伴者计划”逐渐落地。

这是一个“摸着石头过河”的探索过程。其间，我想特别讲一讲“渡过”青春编辑部的故事。

2019 年 3 月 30 日，“渡过”公众号“青春版”成立。这是“渡过”的小学员自己提议并组建的。编辑部成员共 8 人，年龄在 15~26 岁。从这天起，“渡过”公众号每周六的版面，从策划到采写到编排，全部由他们独立完成。

在青春版发刊词《给青春一次“渡过”》中，孩子们自己说：

“同类是会互相吸引的，这种可爱的微妙击穿了一切社会因素，相遇相知便相辅相成。我们的目的在于将这种共鸣感扩大，用积极去解释死亡，用敏感去寻找安定。

“我们很真实，依然是服药的群体。但是我们希望互相拉一把。一个人不够就两个，一手拉一手，连接下去。我们想让更多的同类知道，这里有一个桃花源在守望他们的到来，它纯白而满是能量。”

当天，我在朋友圈写了这样一段话：

“昨晚稿件交到我手上，尽管从内容到文字都有需要完善之处，但我硬是忍住职业癖好，坚决不改一字，因为这是他们的生命原色和冲动。在我看来，青春版的意义，更在于创建的过程。这群仍在治疗和康复中的孩子，他们在‘渡过’相遇、相知，自倡导、自组织，自采、自编，这个过程，正是‘渡过’一直在倡导的‘关系疗愈’。”

至此，以“陪伴者计划”为旗帜，“渡过”逐渐摸索出一套独特的疗愈模式，我将其概括为“生态疗愈”——鉴于精神障碍的复杂性，单个人的能量和耐心总是有限的，这就需要建立一个生态环境，去除病耻感，形成能量场，涵盖药物治疗、心理治疗和社会治疗，创造人与外界关系的连接，让情绪流动起来，从而获得自我疗愈、相互疗愈。

这样一个“生态疗愈”能量场，其集大成者，我称之为“渡过中途岛”。

五、“渡过”2020：乌托邦落地

2019 年 1 月 1 日，我为“渡过”公众号撰写《揖别 2018，目标中途岛》一文，首次提出“中途岛”概念。

“中途岛”是“陪伴者计划”和“生态疗愈”的汇聚点。在上述文章中，我写道：

“基地可能设在农村或城郊。盖几间房，开几块地，建几个工场。在这里，可以治疗，可以学习，可以种地，可以做工，‘晚饭后从事批判，但并不会因此成为一个猎人、渔夫、牧人或批判者。’(《德意志意识形态》，马克思，1845—1846)。这本身就是鲜活的生活，是实实在在地创造财富，并在此过程中更新和完善自己的生命状态——这就是集学习、疗愈、就业、成长为一体，让患者最终回归家庭、回归社会的‘中途岛’。”

回过头看，对“中途岛”的设计，确如一些朋友批评，带有乌托邦色彩。不过，在“渡过”的初期岁月，不能不承认，正是这“空想”，也可以说是理想，鼓舞大家筚路蓝缕，开拓前行。我多次说：“梦想还是要有的，万一实现了呢？”

时近2020年新春，当年遥不可及的理想，终于显露出妩媚的一面：在杭州富春山麓，几经周折，我们找到了一块可以承载这个理想的土地。

这是一座荒废的乡村小学，距杭州50多千米，高速公路汇集，地铁即将通车。背山面水，闹中有静；苍松翠竹，宜居宜业。

第一批建设者，包括“渡过”的读者、作者、群友，将来到这里，自己动手，清理场地，修路、开荒、耕种、做工。劳动即生活，生活即疗愈。

六、一场有助于整体进步的社会运动

2019年3月17日，我撰写《“渡过”九问》一文，提出“渡过”的目标，是探索一条“完全、实用、个性化、有温度”的心理健康之路；时至今日，我更希望“渡过”事业的开展，还能成为一场有助于整体进步的社会运动。

在我的职业生涯的前30年，作为一名记者，我从事政治和社会报道。那时我以“知识分子”自许，通过采访和写作与社会关联；而离开新闻一线、创办“渡过”后，我已经不是记者，却是在用另一种方式做记者的事。

近年来的实践，让我认识到，知识分子只有回归现实生活，才能实现自身价值最大化并得到滋养。有人感叹知识分子和民众结合不易，在我看来这取决于其真诚态度和实践的彻底性。你并不是“放下架子”，而是你本来即其中一员；你不是“到民间去”，而是归来了。

基于此，“渡过”中途岛将成为“渡过”各种探索的集大成者。它不仅仅是一个心理问题的疗愈场，更是一个人生重新出发的充电站。

那些失去方向的，人生迷惘的，久病不愈的，被主流社会抛弃的人们，可以来到这里，休憩、学习、劳动、创造、康复。基地作为中途岛，并非要长久留住他们，最大的心愿是这四个字：

目送、远去。

这就是“渡过”的终极价值。

转相之后怎么办？如何正确面对转相？

最近接连遇到几位患者服用抗抑郁药转相的案例。由于最终发现是转相而非病愈，患者从希望、欣喜，转为失望、沮丧，是可以理解的。

不过，我觉得，转相虽不能说是好事，但也不能简单说是坏事。它可以理解为“危机”——危中之机。如果能恰当利用转相中的有利因素，为我所用，或可化不利为有利，给整个疗愈过程带来转机。

转相意味着什么？

先分析一个问题：转相是好事还是坏事？

这个问题要从多方面来看。首先，毫无疑问，转相不能说是好事。转相意味着双相从疑似到被确认。双相现在被列为重性精神疾病之一，无论疾病的复杂性，还是治疗难度，或是预后，双相都比单纯的抑郁要难对付一些。

精神科医生在处理躁郁关系时，都认同一个原则：宁郁勿躁。这是因为，郁的本质是对人体的保护，通过降低情绪，降低动力，减少活动，让患者休养生息；躁则相反，会激发患者的动力、活力，促使其超常规活动，最后透支身体，给患者带来身心损害。有些患者还会因为不能控制自己的行为，造成实际损失，甚至损坏个人形象和社会关系。

正因为如此，精神科医生都会警惕躁狂风险，小心谨慎防止转相。

但这只是问题的一面。很多时候，双相患者会不会转相、何时转相，不是我们能够准确预见并控制的。如果患者不以个人愿望为转移，就是转相了，怎么办？如何更全面地认识转相，并有智慧地对待转相？

于是，我们需要看到问题的另一面。从积极的角度看，转相是一个契机。当患者长期处于严重抑郁状态，极度悲观绝望，且想尽办法也不能改善的时候，突如其来的转相，会让患者在很短的时间内改善情绪，转变认知，增加动力；从而看到希望，获得信心，并由此能够积极行动。

这就是转相的“危中之机”，它往往也是转变的开始。

我的经历：转相成为契机

接下来，我想通过我自己的经历，来具体说明危机是怎样成为机遇的。

7 年前，我经历了一次从重度抑郁向躁狂的转相。此前，在长达七个月的时间里，我陷入深度抑郁之中，服用多种药物毫无效果，病情每况愈下，身心俱损，处于人生的最低谷。

那时，我的精神健康知识几乎为零，完全不懂抑郁的规律，因此悲观绝望，看不到希望，意志力消耗殆尽，每天卧床不起，如同行尸走肉。

所幸，尽管那时我根本不相信病能治好，仍抱着“死马当活马医”

的心态，只坚持做一件事：吃药。对我来说，吃药就像牵着风筝的一根线，尽管希望渺茫，毕竟也还是希望；如果药也放弃了，就一点希望也没有了。毕竟吃药是最简单的，而锻炼身体、做心理治疗、参与社会活动等，都需要一定的能量，那时的我即使有心也无力做到。

所幸药物终于见效。记得在第二次换药后的第十九天，我隐隐约约发现注意力能够集中了；随后，三天时间内，食欲、情绪、情感、动力，逐一回升，思维能力、阅读能力、写作能力、表达能力，统统恢复。我后来在《渡过 1》中，描述了当时的狂喜：

“犹记药物见效的那一天：如同一个密闭的房间，被厚厚的窗帘遮挡，不见一丝光亮；突然，‘唰’的一声，窗帘被一只手强有力地拉开，灿烂的阳光瞬间破窗而入，穿透了整个房间。”

当时，我对抑郁一无所知，完全不懂得什么叫“双相”，什么是“转相”，只以为自己是“好了”。狂喜之下，信心恢复，立刻开始行动。

记得当天下午，我就出门跑步。尽管身体虚弱，也拼力坚持。我在跑道上对自己说：坚持，再坚持，多跑一步，就朝彻底康复接近一步。

以此为起点，我开始了自救。除了坚持吃药，还努力研究自己，想搞清自己得的是什么病、为什么会得病、怎么才能治好病。人生转轨亦由此开始。

现在回过来看，转相后的前三年，我应该是处于轻躁状态。好在我利用轻躁带来的生命动力，学习、研究、采访、写作、出书、办公众号……事越做越多，社会连接越来越广泛，自身价值越来越得以体现，身心进入良性循环……不敢想象，假如没有这次转相，我继续陷于重抑郁状态，悲观绝望，坐以待毙，结果会怎样。

那时，我并不知道自己处于轻躁之中。还是同事后来告诉我，那时我总体正常，但还是表现出某些和以前不一样的地方：一是做决定比较快，比较草率，不太在乎别人的评价；二是做事快而粗，细节把握不够，显示某些精细判断能力受损；等等。

所幸当时的轻躁没有酿成事端，带来重大损失。所以，总体上看，当年的转相成为改变的契机。我用三年的时间，从躁狂状态逐渐平稳滑降，成功实现了软着陆。不但没有复发，还写了三本书，办了一个公众号，不然就不会有今天的“渡过”的事业。

如何把危机变成机遇？

很多朋友听了我的经历后，说：“你是运气好。很多人转相后，就陷入频繁波动中，最后变成快速循环型，甚至是混合相，每天情绪如过山车一样激荡，要死要活的，痛苦不堪。”

我承认确实有运气的成分在，但仍然认为，可调控的空间还是存在，如果把握得当，软着陆的可能性还是很大的。

那么，如何把“危中之机”转化为真正的机遇？我认为可以从以下几个方面着手：

第一，要接纳双相这个事实，客观冷静面对，分析有利和不利条件，制订整体治疗策略。

如果转相了，就意味着双相是一个客观存在。即使不转相，双相仍然是双相，只是暂时没有表现出来。因此，对于转相，不必否认，不必追悔，不必有“为什么落到我头上”的怨怼。坦然面对，认真分析，努力寻找对自己有利的方面，为我所用，才是正途。

第二，要坚持用药。

对于双相治疗来说，用药是基础。而且，这特别考验用药的技巧。好比“走钢丝”，双相的治疗必须在抑郁和躁狂之间，把握恰到好处的平衡。

双相临床表现复杂多样，单药治疗往往效果不好，大多需要联合用药。一般可分为三种方式：其一，情感稳定剂＋情感稳定剂，如“碳酸锂＋丙戊酸钠”较为常用；其二，情感稳定剂—非典型抗精神病药物，如“碳酸锂、丙戊酸钠、拉莫三嗪＋奥氮平、喹硫平”等；其三，难治性双相患者甚至可能需要三药合用，如两种情感稳定剂＋非典型抗精神病药物，或者一种情感稳定剂＋两种非典型抗精神病药物。

这是一般而言。一旦转相，就要当机立断调整药物。首先要减抗抑郁药，避免患者变成混合相；同时也要防止压得过猛，再次把患者打入抑郁状态。要考虑每个患者的个体差异，考虑所用药物的半衰期，以及和其他药物的拮抗关系等。整个用药过程，不能头痛医头，脚痛医脚；必须全局在胸，整体把握，眼观六路，耳听八方；同时又能考虑特异因素，做个性化安排，实时调整药物。

双相用药是一门艺术，有逻辑、有节奏。这特别考验医生的能力，也考验患者的耐心。患者不能指望医生一步调药成功，要有耐心，要允许医生试错。只有医患充分信任、合作，才能取得良好效果。

第三，恰当利用转相，借助躁狂，激活自身。

我们都知道，治疗抑郁，关键在自救。而自救的关键是行动。要行动，就要有动力。如果患者长期处于郁期，动力、情感双重缺乏，是很难有行动能力的。

这时，转相就可能成为一个契机。要抓住这个契机，激发正向思维，改变认知，强化信心，积极行动，做一些事情。好比杠杆效应，以转相为支点，激活自己，体现自我价值，从而进一步强化信心，形成良性循环。

同时，多管齐下自我调整，保持良好状态。即使出现小规模跌落，由于患者能够鉴往知来，就可以维持信心，不至于毫无抵抗地堕入深渊。

在这个意义上，转相往往成为行动的第一步。

第四，加强自我觉察。

概括而言：转相是危机，接纳是前提，用药是基础。而觉察是上述一切的基础。

首先正确用药就需要觉察。再高明的医生，也是在密切了解患者情况后才能有的放矢调药；而患者的情况，只有自己最清楚。学会自我觉察，才能完整准确地把自己的情况告知医生；甚至可以和医生讨论，共同制订用药方案。

其次，利用转相激活自己，也要靠觉察保驾护航。行动需要借助躁狂带来的动力，但行动本身也可能强化躁狂。这就需要加强觉察，判断自己处于哪一种状态，敏锐发现转相的苗头，然后通盘考虑，权衡利弊，及时采取药物之外的措施，做相应的调整。

比如，如果判断自己轻郁了，那就要注意休息，减少压力，调和内心冲突。一般来说，抑郁时觉察力和领悟力会更好些，在抑郁期，可以做一些需要深度思考的事情。这也是为什么很多思想家、哲学家多抑郁的原因。

如果判断自己处于轻躁状态，那就可以利用躁狂的活力和思维速度，从事需要创造力的活动，比如艺术。同时要规律作息，减少社交，不凑热闹，避免进一步强化兴奋，刺激躁狂。

概括上述观点，结论是：转相不是好事，我们当然要努力避免转相。但是，如果转相已是既成事实，则不要否认，不必沮丧，而要利用转相带来的正向情绪和动力，积极行动起来，实实在在做一些事情，体现自我价值，获得自信，走上疗愈正途；并避免大起大落，谨慎小心驾驶自己的人生之翼，实现软着陆。

最后说明一点：我的建议只适用于成年患者。青少年患者由于生理和心理都处于发育期，而且处于人生关键期，压力更大，原生家庭状况各不相同，一旦转相，处理起来就需要更加谨慎。

双相和抑郁症没有分水岭

一、双相和抑郁症：一个本质，多个侧面

2019年11月2日上午，“渡过”第8次线下训练营邀请蒙华庆医生来讲课。

蒙华庆，重庆医科大学附属第一医院心理卫生中心科前任主任，长期从事重性精神障碍、情绪障碍、睡眠障碍、儿童青少年心理障碍的诊断和治疗。

上课前，我和蒙医生在室外草坪上散步闲聊。不经意间，他说到一个观点：世界上很可能不存在单相抑郁症，所有的抑郁症可能都是双相，只是暂时还没有表现出来。实际上，正常人的情绪本身就是呈节律变化的，因此，情绪障碍也可能就是“节律障碍”，其治疗都可以用心境稳定剂。

听了这几句话，我又惊又喜：很长时间以来，我都有类似的看法，只是从来没有敢讲出来罢了。

现在，借和蒙医生的互相激发，我大胆地表达如下猜想：抑郁症和双相，不过是医学的症状分类名词，是人为的设定；而事实上，双相和

抑郁症没有分水岭，只是反映了问题的多面性和复杂性，是一个本质的多个侧面。

我知道我这个观点并无确切依据，只是个人的观察和体验，势必引起很多非议，但人类对精神现象的探索是无止境的，所以我仍然愿意说出这个观点，并期待各方批评指正。

二、“抑制”和“兴奋”的碰撞

简单回顾一下：“双相”曾经是一个很冷僻的词汇，很长一个阶段，人们只知道“抑郁症”，不知道“双相”；后来，发现很多病人除了有抑郁表现，还有躁狂特征，于是这部分症状被命名为“双相”。据说，在欧洲，诊断双相平均要花 8 年时间。从“抑郁症”到“双相”，反映了精神医学史对情绪障碍认知的阶段性进步。

最近六七年，“双相”开始逐步进入大众视野。越来越多的医生学会了“双相”这个词，开始用这把尺子来衡量病人，发现很多人都符合双相标准。于是，近年来又出现“双相扩大化”倾向，动不动一个患者就被诊断为双相，或者慢慢被追认为双相。

这让很多患者非常纠结。因为双相是六种重性精神疾病之一，一旦谁被戴上“双相”的帽子，就会愁肠百结，背上沉重的思想负担。

我也曾经坚定地认为，“双相”和“抑郁症”是两种病，病理不一样，治疗不一样，预后也不一样。但这两年，我密切观察、分析、跟踪了大量的双相病例，逐渐有了新的认识。

在我看来，“双相”和“抑郁症”，不过是“名词之争”。我接触过很多患者，一会儿被诊断为抑郁症，一会儿改为双相，一会儿又改回抑郁症，而且都能找到理由。误诊、漏诊，反反复复，比比皆是。最后到底是怎么回事，谁也说不清。

其实，如果我们撇开这两个名词，回归疾病的本质，我们会看到，世上本来没有“双相”和“抑郁症”这两种区分，只有“抑郁”和“躁狂”这两种状态。仔细觉察，每位患者都会有不同程度的抑郁和躁狂迹象；甚至任何人也都会在某个特定情况下，表现出抑郁和躁狂的一面，只是程度轻微，也不确定何时会表现出来，且能自行调整，因此自己体会不到而已。

我曾经采访过来自中国台湾的陆汝斌医生，他告诉我：“抑郁症有45种亚型；双相有7种亚型，如果再细分可分为24种亚型，每种都不一样。”分类如此复杂，说明目前现代医学对精神疾病的机理缺乏准确认知，只能用“抑郁症”“双相”这样概念，把林林总总的复杂现象框在一起。而这些人为的分类是否正确，只有天知道。

在我看来，如果抽离这些症状具体复杂的表现，透过现象看本质，“抑郁”和“躁狂”这两种状态，都是神经过程的不同表现。正如巴甫洛夫所说：“所有精神疾病都是抑制和兴奋这两个神经过程的艰难相遇。”以此视角，所谓“抑郁症”和“双相”，都不过是“兴奋”和“抑制”这两个神经过程碰撞的结果。

每个人都有这两种神经过程，因此相应地存在一个情绪变动的区间。这个区间，一头是“抑郁”，一头是“躁狂”，人们的情绪，就在这个区间内波动。波动是永恒的，静止是暂时的。如果你神经调节功能强大，你的区间范围就宽广，就不至于发病；如果超过了这个区间，自己调节不过来，就可能发病，然后被诊断为“抑郁症”或“双相”。

这就可以解释“药源性双相”：药物解除了神经网络的“抑制”过程，刺激其转向“兴奋”过程，于是就有了“转相”，体现为“躁狂”。

还有一个观点，“青少年时期发病都是双相”，以此来解释也不复杂：青春期的孩子生理、心理状况都在极速发展中，神经过程自我调节功能弱，“兴奋”和“抑制”转化频繁。身心不稳定造成的陌生感和不平衡感，会导致其节律紊乱，因此有可能一会儿表现为抑郁，一会儿表现为躁狂，相应地出现心理、行为偏差，就很容易被诊断为“双相”。

三、不必谈“双相”而色变

在现实中，我观察到，许许多多患者，都会长时间纠结于自己“到底是抑郁症还是双相”？由于前述抑郁和双相的分类如此之细，想下哪种诊断，都不难找到依据，却给患者带来无穷的疑惑和烦恼。

因此，我越来越认为，不必那么在意诊断，而只需牢牢抓住症状，以症状为核心，来确定治疗的方向和手段。即用各种方法，调整“兴奋”和“抑制”这两个神经过程，尽可能让它们处于平衡和适应状态，使其波动不超过可控区间。用药、心理咨询、自我调节、社会支持，都是如此。

这样做的意义有两个：一是打消对于双相的恐惧，以平常心待之；二是在干预手段的选择上，不必严格区分“双相”和“抑郁症”，在用药上画地为牢，而重在恰当选择干预的时机。即在何种状态下，采用何种药物、何种剂量或何种药物组合。

在预后方面，也并非双相就绝对不能停药，而完全看“抑制”和“兴奋”这两个神经过程能否平衡。我曾经总结出双相停药的三个必要条件：1. 躯体症状消失，情绪稳定；2. 心理冲突基本解决，内心平静安宁；3. 环境足够友好，压力在可控范围内。当然，达到这三项，殊为不易。

总之，我认为，不必对双相和抑郁症做人为的、严格的区分。假如未来有一天，我们能够看清疾病的本质，会发现它们的差别，并不是我们今天想象的这样简单。打个比方，它们就像一个万花筒，折射出疾病的不同方面；或者像一个光谱，在同一个区间内构成连续的演变。

更进一步说，不仅双相和抑郁症没有分水岭，常人和病人也没有分水岭。因此没有必要谈双相而色变。我们需要训练的，是从生物、心理、社会三个层面，提高神经过程的调节能力。

《渡过1：抑郁症治愈笔记》读者见面会实录

2015年10月11日，中国工人出版社在百万庄图书大厦举办《渡过1：抑郁症治愈笔记》读者见面会，此文根据速记整理而成。删除了一些过于啰唆的地方，修订了一些文字，但总体上是忠实于事实的。

主办：“一起悦读”俱乐部、北京尚善公益基金会、中国工人出版社、百万庄图书大厦

嘉宾：北京尚善公益基金会创始人毛爱珍、北京安定医院主任医师姜涛、财新传媒副总编辑杨大明、《渡过1》作者张进

主持人：时任北京尚善公益基金会秘书长伍华

主持人：《渡过1：抑郁症治愈笔记》是张进在抑郁症治愈的过程中，业余研习抑郁症三年来所得。首先请尚善公益基金会理事长和创始人毛爱珍女士，以一个读者的身份，分享一下对这本书，以及对抑郁症的一些看法。

毛爱珍：我对这本书的书名《渡过1》，非常认同。“他渡、自渡、

渡人”，很符合张进的经历。

他是用佛家的语言在阐释“渡过”这个词，他真的具有佛家的慈悲观，正如胡舒立总编为此书作的序的标题所说的那样——济世之志、仁厚之心。

2014 年国庆前，央视正在拍有关抑郁症的专题片，那时我与张进才第一次正式见面。实际上，我从精神层面上很早就认识他了。2013 年尚善公益基金会成立之后，我们编了一本关注抑郁症的宣传册，内容比较肤浅，印了几万册，很快就发完了。2014 年，我们打算从更专业的角度重新编这本宣传册，我刚好看到张进开始在博客上写抑郁症的文章，觉得写得太棒了。有些话我们表达不出来，张进老师表达出来了；有些知识点我们说不清楚，张进老师简略地、清楚地、浅显地表达出来了。所以，我们编这个册子的时候，摘录了他很多文字和观点。再后来，我们正式见面，请他为我们修订这个小册子，他欣然应允。

跟张进接触之后，我觉得他是一位很纯粹的人。每次跟他谈话，我都感觉很轻松：他没有什么客套话，直奔主题。他有济世的心怀，能带给人快乐、幸福，让人以苦得乐。

今天来了那么多人，说明抑郁症越来越引起社会的关注了。可惜我们的专业医生太少了，需要有更多的人，需要有更多像张进老师和姜医生这样的人，从专业上帮助患者。实际上我觉得张进老师已经成了一个医生，他能够用自己的亲身经历，从科学的角度给大家指出一条路。我觉得他是在普度众生，从这个角度，这本书的意义是极大的。

读完这本书之后，我感觉非常好，张进老师能够从生物、心理、社会等各个方面来剖析抑郁症，并且用精准且简单的文字告诉读者。从这个角度上来说，这是了解抑郁症防治的一本好书。

主持人：我接触到的张进老师的第一篇文章，是他对姜涛医生的专访——《揭开抑郁症黑箱》。姜涛医生平时一天接诊一百多号病人，非常繁忙，今天我们很幸运，姜医生难得休息，能来参加今天的活动。

这里先问姜医生一个小问题：您是专业医生，可否从专业角度来评价一下这本书？

姜涛：今天非常荣幸能跟这么多朋友一起来讨论这本书。我也非常荣幸能成为张进的主治医生，后来我们也成了朋友。张进根据自己患病的经历，把抑郁症的很多方面，包括我们医生描述不出来的体会，用精准的文字给大家呈现出来。这得益于他得天独厚的条件，他是学文学的，文学功底非常深厚。

从这个角度来讲，由于精神疾病诊断没有客观的实验室指标，精神科医生不管是病历书写还是在其他很多方面，都需要靠语言交流。所以精神科医生对语言功底的要求其实是非常高的，但大部分精神科医生在这方面都有欠缺。张进恰恰在这个方面做了很大的弥补，把这个疾病从里到外，用最朴实、最精确的描述给大家展现出来。我觉得他是在用更加科普化与通俗化的方式，来解释一些精神科的专业知识，让大家更容易理解，更容易认识抑郁症。因此这本书对于整个精神科，对抑郁症的识别和治疗，都有重大的意义。

我和张进是从不同角度理解这个疾病的。从专业角度来讲，预防要比治疗重要得多。医生在门诊与病房里帮助患者解脱痛苦，远不如预防抑郁症的发生更有意义。预防抑郁症，或者说早期识别抑郁症，比治疗更重要。所以这本书对于广大抑郁症患者，对于有抑郁苗头的患者，意义非凡，对整个社会的贡献是非常大的。

主持人：《渡过 1》有一些内容最早发表在财新传媒的博客上。财新传媒作为我们国内领先的新锐媒体，在关注社会改革、经济改革的同时，也对抑郁症等疾病给予很大的关注，做了很多有影响力的报道。一个财经类媒体为什么会如此关注抑郁症？请财新杨大明主编跟我们谈谈。另外，您作为一个资深媒体人，您对这本书有哪些观点和看法？

杨大明：非常荣幸今天能参加这么一个聚会。张进这本书，我看了几遍，每个字都认真地去体会。我跟张进共事了十多年，从 1998 年做《财经》杂志，到 2010 年做财新传媒，我们一直最关心的是两个问题：一个是中国市场经济的建设，一个是中国法治社会的建设。这些和金融、产业、公司、宏观经济等这些经济话题一样，都是中国社会变革过程中重要的变化和话题。

张进是财新负责人之一，他分管的业务领域之一是公共政策，其中有相当一部分话题包括社会的变革。内容涵盖了问题、变化，以及对未来的展望。在医疗、教育、社会保障等方面，张进在他的新闻从业经历中获得了相当深厚的积累，加上他对专业精神的追求，以及他的文字驾驭和表达能力，他能够写出这本书，是水到渠成的结果。

现在的媒体人中，存在一些抑郁症或者抑郁现象，这并不鲜见。从新闻媒体工作特点的方面来探其原因，无外乎两点。首先，其社会角色要求媒体人对社会现实能做出独立的判断，这会让媒体人面对非常大的压力，需要有一种很强的自信和把握自己的能力。

其次，新闻从业者的压力是方方面面的。甚至每天做梦时都会在想可能发生的事情，需要人在非常短的时间里做出判断，同时这些问题可能处于不同的专业领域。可以说，做记者是干一辈子、学一辈子，没有终点的。但是如果没有这样的群体，没有这样的记者，那我们的社会就会出现严重的欠缺。因此，我也想借此机会，希望大家能对我们媒体记者，对媒体行业给予更多的关注和理解。

主持人：我们都知道，抑郁症发病原因非常多。《渡过1》中有一段，是姜医生分析哪几种人容易得抑郁症。为什么这些职业的人容易得抑郁症呢，当这些人面对工作压力的时候，该如何去调节自己呢?

姜涛：这是一个比较大的话题，因为抑郁症也是这几年才引起了大家的关注。很多人会有抑郁情绪，但如果它持续的时间不是特别长，不会响社会功能、工作功能和家庭功能，就不能称之为疾病，而应属于一过性的情绪。

如果抑郁发作，那就必须得治疗。治疗包括了一套系统的方案，包括药物治疗，即生物学治疗；也包括心理治疗，这个过程需要佛学的介入、道教的介入，也会用到冥想等不同的方法。

抑郁症的发生，有其内在的因素，但外界的刺激和种种影响也是非常重要的。我们现在正在研究，想探明到底哪些因素跟抑郁症的发生有关。一般出现抑郁症时，半年内大多会遇见某些重大的、不良的刺激，包括急性的刺激，也包括缓慢的、持续的刺激，比如离婚、丧偶、感情不和等，这些都是容易引发抑郁症的高风险因素。

另外各种压力导致的睡眠障碍，包括睡眠过多、失眠等，也是诱发抑郁症的重要因素。这些都是可预防、可预测的。所以一旦出现了这些问题，就要及时地去疏导。

疏导有很多方式，可以直接找心理治疗师，现在学校，以及很多单位都有专业的心理疏导人员；另外也可以自我休整，可以进行参佛、体育锻炼等活动，系统的有氧运动可以缓解情绪的困扰，预防抑郁的发生。

一旦出现这些问题，最不应该做的就是硬挺，或者说加倍接受更多的刺激，这样会使抑郁加重。因此不要在自己处于崩溃边缘的时候才重视。识别是非常重要的。

主持人：谢谢姜大夫。那我们也请张进来谈一谈怎么面对抑郁情绪，面对抑郁症，以及他的体会。

张进：首先想借此机会表达一下我的感谢。一般来说，作者都是要表达感谢的，我的感谢还特别多。

第一个要感谢的当然是姜涛医生。这本书出版后，我去给姜医生送书，在扉页上写了两句话：“救我于水火之中”“授我以不传之秘”。

先说第一句。2012 年 6 月底，我找到姜医生的时候，已经病了半年，前几个月还是误诊。当时我病得很重，基本上处于亚木僵状态。姜医生及时纠正了错误的诊断，给予正确的治疗，很快遏制住病情恶化的趋势，让我逐渐康复。

我对姜医生的崇敬有两点。第一是医术特别高。这一点不多说了，因为医术高的医生有很多。第二是医德。所谓医德不是一般人说的勤勤恳恳、态度好。我觉得最重要的是担当。为什么是担当呢？现在医患关系不太好，很多医生怕负责任，总是选择一些比较保守的疗法，甚至把难题推给患者。姜医生不是这样，他总是从患者利益出发，选择一个最大效果的治疗方式，宁愿自己承担风险。这是最让我崇敬的。

刚才说的这一句，“救我于水火之中”，姜医生是懂的；第二句，“授我以不传之秘”，他未必懂。为什么？因为我偷偷地从姜医生那里学到了很多东西。

临床病愈后，我对精神医学产生兴趣，开始自学，也想直接向姜医生学习。一开始，姜医生不是特别愿意回答我，我估计，一是他可能认为我听不懂，二是他确实非常忙。后来有一段时间，我趁当时安定医院门诊楼管理不太规范的机会，在姜医生的诊所旁听他给别人治病，一边听，一边慢慢体会。这件事姜医生未必知道，因为他太忙，他的身边总是密密麻麻围着一群人。他在人墙中工作，我就在外围看着。他说的每句话，我都认真记下来，如获至宝，回去后揣摩体会。

后来，很多患者找我咨询。如果他们想让我帮忙找姜医生，我就对他们提出一个要求：你得把姜医生给你开的药，以及你该怎么服，服药的效果，有什么不良反应，怎么加药、减药，每天记下来给我看。就这样，我偷偷跟着姜医生学了很多东西。

我第二个要感谢的是患者。中国有句古话，叫“授人玫瑰，手有余香”。帮助患者，对于我来说其实也是一个治疗的过程，是一种自我的抒发。看到大家好起来，我内心所获得的愉快，本身就是一剂良药。

曾经有人问：你为什么要花那么多时间给患者咨询呢？我的同事，财新网总编辑张继伟，说了一句很精辟的话，他说做这个事，“价值实现太快了”。他说得很对。我们当记者，是有价值追求的。不过，这个价值实现得比较慢。你写报道，干预社会，引起某种关注，再到实现事情的解决，链条比较长。如果说要开启民智，引领民族素质提高，那就需要更长的时间，也许二三十年、三五十年。而我帮助患者，有的时候一两个星期就见效。所以说帮助患者这个事情，价值实现是比较快的。

具体到这本书中，患者对我的帮助是什么呢？是他们给我出了题目，并提出了要求。最初我只是想解决自己的困惑。搞清楚自己的问题后，我本可告一段落了，但这时，来向我咨询的患者越来越多，我不得不继续学习，也不得不继续钻研。如果没有这个压力和动力，我不会一直研究到今天。

第三个要感谢的，是我的亲朋好友。我曾经在一篇文章里面提到，一个患者一定要有一个好的社会支持系统。自己的亲朋好友，显然就是不可替代的社会支持系统。

当时生病之后，我的亲朋好友给了我巨大的帮助。我的同事王晨，替我找到姜大夫，陪着我挂号、看病，如果不是她的帮助，现在我可能已经不知道在什么地方了。

我还有一个同事叫罗洁琪，在我不愿意见人的时候，强行上门，给我送我爱吃的进口生鱼片。尽管当时我已经没有能力吃下去，最后统统倒掉了，但这份情谊我是永远不会忘记的。还有徐晓老师，带我去看心理医生；张翔，带我去旅游；最异想天开的是胡舒立，她派同事去顺义，找了一个农场，打算安排我住在那儿，像晚年托尔斯泰那样，日出而作，日落而息，去种地。因为那里实在没有生活条件，最终没去，但这份用心我是感激的。

最后，我想感谢的是中国工人出版社。我本是一个生性疏懒的人，做新闻快三十年了，从没动过写书的念头。是中国工人出版社董宽总编辑约我写书，催我动笔；在出版过程中，李阳副总编辑以他的专业精神和专业能力，给了我很多启发和帮助；还有这本书的编辑杨博惠小友，她比我小得太多，所以叫她小友。她精益求精，很有责任心。我本人就是编辑，对文字的要求是比较高的，她比我要求还要高。大家共同努力，最后才使得这本书呈现在读者面前。

我还要特别提一下，为什么这本书在中国工人出版社出？因为《工人日报》是我人生的第一个单位，而《工人日报》和中国工人出版社是一个系统的。我最初的成长是在《工人日报》完成的，对《工人日报》怀有很深的感情。因此，今天我要借此机会，表达对中国工人出版社的感谢，以及对《工人日报》老同事、老朋友们深深的想念。

主持人：抑郁症患者的康复，的确需要一个非常好的社会支持体系。刚才张进老师的分享里，我觉得有几个方面是很重要的：第一个是“专业”，姜医生也说到了，治疗过程中涉及一些专业的技术；第二个是“价值”，抑郁症患者如何去实现自己的价值，或者说在自己治疗和康复的过程中如何重塑自己的价值；第三个是“关心”，也就是我们现在正在做的工作，实际上更需要这个社会的支持系统；第四个，要有一点点“责任”和适当的“压力”。这是我的体会，不知道三位对张进老师的分享有什么样的看法。

毛爱珍： 除了你说的几点，我还关注到张进老师说了一句话，他说做这件事能给他带来成就感，他在帮助病人的同时，自己也得到了快乐。这是有科学依据的，帮助别人后身体中会产生一种多巴胺，也就是快乐因子。所以成就他人，其实也是在成就自己。这就是张进老师所说的“公益疗法”。我们曾经遇到过好多这样的案例，一个人全身心做公益，结果没吃药也好了。

这说明抑郁症太复杂了，张进老师的书里面提到了神经系统和认知疗法。有的中度或轻度的患者，通过认知，或者宗教信仰，可以自己调整过来。还有些患者本身自愈能力比较强，扛一段时间，神经就能完成自我修复。

我还想再强调一下姜医生说的话，要以预防为主。姜医生刚才说得很清楚，抑郁情绪到一定时候，自己要注意调节。比如连续一段时间睡不着觉，或者连续一两个星期情绪很低落，就要去调节，可以通过体育锻炼、冥想等方式，不要等到病情加重再治疗。

主持人： 张老师的《渡过 1》里面有三个标题，“他渡”“自渡”和“渡人”。毛阿姨刚才重点讲了“自渡”部分，我想听姜医生从“他渡”的角度来谈谈。作为国内著名的精神科医生，你大多数时间是怎样安排的？门诊占多少时间？你提到还要去培训，培训的时间从哪里来？

姜涛： 这可能是一个很多医生都会有的困惑。目前中国精神科医生的缺口是四十万。我们上完一天班回到家，没有别的事，就想睡觉，一点力气都没有。

要真正给病人做详细的诊断，需要充足的时间，给一个首诊病人做系统、正规的精神检查，至少要三十分钟，按照这个标准推算，一天的饱和量也就是二十人左右。

所以一般我们接待的初诊病人一天不能超过五个，超过五个就很难接受了。当然有复诊的、开药的，这相对会耗时少一些。如果遇到一些复杂的病例，比如曾经不合理的治疗，干扰了患者本来的疾病表现，掩盖了很多症状，这就很麻烦，你得把他那些问题剥离出来，发现他真正的疾病规律，再去有针对性地做治疗，就更麻烦了。

张进说到直觉，所谓直觉其实就是看多了病人后，病人一说话，就可以从他的语气表情，判断出他遇到了什么问题。但是直觉是成不了理论的，只能是一种感觉。形成理论需要一个非常抽象的过程，需要很长的时间。

张进：我补充一点。就是刚才姜大夫讲了一个词，剥离，我愿意对这个词做一些阐发。剥离是什么意思呢？我问过姜大夫：你处理的所有的病例里，什么是最为难的呢？他说，最难的是患者患病时间长，治坏了，治乱了。

什么意思呢？就是说，这个病人一开始没有正规治疗，自己拖了很长时间；又遇到一个不太好的医生，治疗效果不佳，出现不良反应，那么反复几次后，他的病就乱了。你根本不知道哪个是他的初始症状，哪个是不良反应，哪个是病情的发展。这样的情况怎么办？我估计即使姜医生也不能一眼就看到底，上帝也做不到。所以就需要刚才姜大夫提到的两个字，剥离。先把病人收进来，慢慢观察，识别哪一个症状是他本初的症状，哪一个症状是被掩盖的，或者被放大的，或者是不良反应。这样才能慢慢地剥离表象，识别根本的症状，才能对症下药。这就是刚才姜医生讲的“剥离”的含义，对不对?

姜涛：对，是这个意思。

张进：关于姜大夫说直觉不能形成理论这一点，我不太同意。任何直觉背后都有理论，只是自己感觉不到而已。很长时间我一直建议姜大夫，花一点时间，总结自己的案例，形成理论，对社会贡献更大。

主持人：张进这本书，讲了他渡、自渡、渡人，这些内容会让抑郁症患者面对未来有信心，也让整个社会应对这种抑郁症、抑郁情绪有信心。我不知道张进老师你是不是有这样的感觉?

张进：你概括得非常准确。我写所有文章，如果一定要概括成最精练的词汇，就是两个字：信心。

我在书的自序中写过一句话：“是无知而非疾病，构成了对病痛的巨大恐惧。”当恐惧笼罩你的时候，你就失败了。怎么样才能够战胜恐惧呢？就是靠信心。信心从哪里来呢？信心也不能虚无缥缈地来，虚无缥缈的信心是一种不切实际的信心，在现实面前随时随地都可能破灭；一旦虚幻的信心破灭，紧随其后的就会绝望。自杀往往就会在这时发生。

那么信心从哪里来？答案是从科学中来。我这本书就是通过生理、心理、社会；自渡、他渡、渡人这些方面，让患者从科学层面上，从技术手段中获得信心。

主持人：看完张进老师这本书，我认为他渡、自渡、渡人三者缺一不可，信心不是来源于单独的一方，而是需要三位一体地去获得。总结一下，大家刚才讲的非常重要的一个观点是，所有的精神专科医生和社会力量，都在努力地提高对病人的识别率；但更重要的是，我们要更多地认识和预防疾病，早期能够自己介入、参与。这样的话，像姜大夫这样的专科医生，就会有更多的时间，为更多的病人提供治疗和帮助。

读者互动环节：

提问：我特别感谢张进老师。我觉得没有得过这种病的人，真的是无法体会那是一种什么感觉。

关于我自己，我有一个疑问：听说抑郁症患者有 70%~80% 的概率是可以治愈的，真的是这样吗？我吃药两三个月了，之前也有做运动，以及依靠宗教、佛教等方法都试过，还有认知疗法我也尝试过，我觉得自己确实重塑了内心和自我。所以我就特别想知道，这个病到底能不能治愈。

姜涛：说到临床治愈，抑郁症和双相是两个不同的疾病，双相約临床治愈率是35%~55%，而抑郁症的治愈率是70%~80%。而且这个治愈实际上是临床治愈，并不是完全的康复。临床治愈只是临床症状完全消失，基本能够恢复到正常80%的状态，康复是完全进入一个正常人的状态，社会功能、家庭功能、自我评估状态完全正常了。

而且，抑郁症的表现很多，有不同的特征，有的是精神病特征，有的是混合特征，还有的可能是其他的一些特征。比如微笑型抑郁，患者白天可能表现得很高兴，在外人看来是很开朗的，但是晚上一个人的时候就很抑郁。这实际上更可怕，它的风险更高，更不容易被人识别，引起的自杀更隐蔽，更需要紧急治疗或者紧急干预。

我在门诊也遇到过这种病人，其实也挺痛心的。有一个老先生目睹他儿子出车祸去世，他夫人马上就抑郁了。这位老先生表现得很坚强，每次都陪着他的夫人来看病。他看上去很乐观，就是睡眠不好，有一些头疼。突然有一次，是别人带他夫人来的，我问老先生呢，他们说，老先生跳楼自杀了。这让我非常非常惊诧。你突然间能够感觉到，这位老先生实际上每天都生活在非常大的痛苦之中，他有很重的抑郁情绪，只不过没表现出来，其他的压力让他忽视了对自己的评估。

刚才毛老师也说了，不同的人有不同的表现，可能跟生物学因素有关，也可能跟人格特点有关。在别人面前，患者希望自己是快乐的、坚强的，但内心他是很孤独、缺乏信心的。所以抑郁症患者识别起来非常困难。

治愈也是相对的，并不是说绝对的。刚才说的比例，只是代表一个统计数字，跟临床实际还是有一定的差距。

张进： 我谈一下自己的感觉。对抑郁症我是有一个认识过程的。最初，我对抑郁症的治愈充满信心。因为我想到，自己在那么严重的情况下，都能治好，病情到现在一直平稳，没有大的波动，所以我觉得这病好像也没什么难治的。

后来，随着接触的病人越来越多，我慢慢修正了自己的观点。治疗抑郁症的确是一个艰巨的过程。在很多情况下，这个病治疗困难，见效慢，同时容易反复。

对于抑郁症，我以为有以下几种情况：第一种叫“难治性抑郁”。出现这种情况可能有很多原因，比如基因问题，本质上就是难治的；再比如病人发病比较早，经过数次治疗仍不见效，再加上不良反应，各种症状混在一起，这就叫难治性抑郁。

第二种情况，叫“残留症状”。残留症状也是很普遍的，就是一个人症状好得不够彻底，比如失眠、头疼、胸闷，有情绪性的、暂时性的波动等，这些症状可能会伴随患者很长时间。这种情况不用太担心，不用怕，坚持治疗，慢慢症状就会越来越少，渐趋消失。

第三种情况，就是所谓的“慢性”。我以为从抑郁情绪到轻度，再到中度，最后到重度，是一个不断发展的过程。抑郁情绪最简单，轻度好治，中度难治，重度就更难。后来我发现，这个想法可能是错误的。我不知道对不对，这是我自己的理解：轻度、中度、重度，可能有其各自的生物学特点，有其各自的内环境和外环境因素，它们不是同一种病的不同发展阶段。在这种情况下，可能慢性反而难治，因为它是一种心境，我们称之为恶劣心境，治疗起来比较困难。当然，这是我个人的理解，不知道对不对。

如果出现这种情况，以我个人的经验来看，需要做到两点：第一是接受。所谓接受是你得承认现实，面对现实。你要接受自己的这种情况，这种慢性疼病可能会伴随你的一生。第二个就是坚持。在这个问题上，森田疗法是比较有用的，概括来说就是八个字："顺其自然、为所当为。"

提问：姜大夫、张老师好，我主要是想问问怎么能帮助到我的朋友。我的一个大学同学，八年前得了抑郁症，去过六次医院，但是他没有第一时间告诉我。有一天半夜，他突然打电话给我，我才意识到他病了，但那个时候他的病情已经很严重了。我想问一下姜大夫，作为他的朋友，我应该怎么帮助他走出这个困境。

姜涛：作为朋友，你能够这么做已经相当不容易了。我觉得抑郁症等精神疾病，与其他疾病不一样，有些抑郁症的病人即使再痛苦，也不就医，不系统地遵从医嘱，不系统地治疗，也不听朋友、家人的劝说。这个时候，我们只能根据他的特点、背景，有的放矢地去帮助。

如果他不愿意药物治疗，不愿意去医院，那么尽量动员他去做一些他愿意做的治疗，比如心理疏导。由他信服的朋友，或者长辈，作为他的社会支持系统来帮助他。如果达到重度抑郁标准，还是应该动员他去医院治疗。

提问：我有一个问题想问姜医生。我认为不管是抑郁情绪，还是抑郁症，是不是其本身就具有流动性，就像涨潮和退潮一样。第二个问题是，如果有这样的规律，那么它和季节变化有没有相关性？如果有的话，这个相关性有多大？

姜涛：这个问题很专业。人有节律性，体现为所谓的生物钟。最近有人提出假说，把发病原因归结于生物钟的紊乱，就是节律的紊乱。一般这个节律，跟大自然的节律是吻合的，但如果出现了不和谐的状态，可能就会出问题。抑郁症和抑郁情绪一般出现在秋冬季，这两个季节是容易诱发抑郁的季节。民间有人管这种情绪叫“落叶风”，树上的叶子一落，人的情绪也会变得不稳定起来，这是由生物的节律决定的。生物的节律，实际上跟大自然是有一定关联的。

到了春天、夏天，有一部分病人会表现得非常狂躁和亢奋。这种情绪可能还达不到诊断疾病的标准，但的确会跟平时不一样。我有一个病人是一个法语老师，上半学期，也就是从三月份到七月份，他的课堂爆满，大家说他讲课特别有意思；但是冬天课堂就特别空，没人来上他的课。很多人会出现这种现象，但是经过治疗和干预之后，这个规律性就表现得不那么突出了。

提问：我想问几位老师一个问题：我有两位老师都因抑郁症跳楼自杀了，通过他们的遗嘱和他们之前写的文章，能够看出他们对生命是非常非常热爱的。按他们的逻辑，自己的这种行为，是在用自杀的方式来表达对生命的礼赞。不知道几位老师对这个现象是怎么看的？

姜涛：这个问题可能已经不属于医学的范畴了，属于艺术、文学的范畴。从医学的范畴来讲，作息一定要有规律，一定要按照人的自然规律来安排生活。有规律的生活可能比服药还重要，这样可以更容易发挥人的潜能，让身体更能适应所承担的责任。

毛爱珍：我想简单地回应一下。他刚才的话存在一个误区，他所说的一个词“礼赞”，好像自杀是因为热爱生命。千万不要这样想。其实自杀可能是因为得了病。我们不知道他们所承受的痛苦，所以不能妄加评论，也不能谴责那些已经走了的人。但是我们也不能美化他们，崇尚他们。

张进：毛阿姨说得比较对，这就是病。我读过米兰·昆德拉的书《生命不能承受之轻》，其中关于死亡有大量非常美的叙述，我当时看了也很受感染。但这个就是文学，就是艺术，不能当成自己的生活。

提问：各位老师好，我想问一个问题：我在 17 岁的时候得了面神经麻痹，到现在也没有完全治愈。所以有的时候会想，如果不能彻底治好，我以后怎么办呢，怎么工作、结婚？与此同时我又给自己打气，用正能量告诉自己，取长补短，用别的地方的长处来弥补这些不足。我想问，当我出现那种悲观情绪的时候，是不是一种抑郁症的表现？我是否要用给自己提供正能量的方式去掩盖那些悲伤的情绪？

姜涛：是不是抑郁症主要看症状持续的时间与程度。如果偶尔感到情绪低落，或者因为一些解决不了的现实问题而痛苦，这其实是触景反应而非抑郁。除非你每天大部分时间都处于极度痛苦、惶惶不可终日的状态，并持续半个月以上，这才能称为抑郁症，才是疾病。

面神经麻痹是个很麻烦的病，尤其对女孩子的影响非常大，而且治疗起来也很困难。所以这个是一个现实刺激。好在你有一个好的心态，能够去对抗它，不至于在短时间内发展为抑郁症。有的人如果性格不好，心态没有你这么好，每天沉浸在恶性刺激当中，时间久了肯定会出现抑郁症状，并会发展为抑郁疾病的。为什么很多内科疾病的患者，比如肿瘤病人，或者患有一些慢性疾病的病人，会出现抑郁症的共病呢？就是因为患者总处于慢性刺激之中。

如果确诊了抑郁症，可以用正能量去对抗它，但最好是按照我们书上说的，系统、规律地治疗，釜底抽薪，把痛苦彻底解决。

提问：我是 2012 年开始治疗抑郁症的，刚开始我觉得自己特别孤独，作为一个抑郁症患者，不好意思跟别人说自己得了这个病。有些苦只能放在心里自己去承受。我想问的是，抑郁症患者治愈之后应该注意什么，以防止再复发？

姜涛：一旦所有症状全没有了，要做的工作就是预防复发。抑郁症主要的特点就是容易复发，很多病人比较难治，就是因为反复发作，没有及时治疗，所以就越来越难治，残留症状越来越多，恢复的时间越来越长，复发的风险也越来越大。

所以，对于你来说，这次好了以后，千万不要有第二次复发，一定要把你的残留症状彻底控制住。这需要多方位的治疗。药物治疗是一方面，还可以做其他有意义的活动，比如大量阅读，而且要朗读，这个对认知恢复是很有帮助的。

我跟很多抑郁症患者聊，有时候患者觉得学完了东西马上就忘了，刚站起来可能就忘了。最好的方法就是反复地朗读，一方面通过影像学刺激，另一方面通过声音的刺激，可以使大脑皮层始终处于活跃状态，能够弥补一部分因为抑郁丧失的注意力和记忆力。

提问：张老师的书上说的所有症状我曾经都有过，我觉得我的想法可能代表了职场中的很多人：我们不相信自己是抑郁症，也不愿意相信是。严重的时候根本没有办法上班，完全丧失了行动能力。我从来没有去看过医生，后来好转了一些，可是又感觉到它好像是要陪伴我一生。我想借今天这个机会问一下姜医生，这种状况会不会伴随一生？

姜涛：你可能没有达到疾病的状态，但你现在心里总觉得这个是困扰，在跟随你。你可以通过一些方式去对抗，比如跑步。跑步可以产生内啡肽，它是人的快乐激素，但是内啡肽的产生跟年龄有关，也有枯竭的时候，可能年龄越大产生得越慢，这样的话就对抗不了抑郁了，疾病可能就要发作。你现在处于能够掌控的阶段，一旦发作，还是要积极治疗。

张进：姜大夫，我替他再问细一点。我接触过的很多患者都是这个情况：轻微的症状，难受，但也不算太痛苦，也不想去治，就慢慢地熬着，持续两年三年。这种情况怎么办？

姜涛：我们过去管轻度抑郁叫抑郁性神经症，抑郁性神经症跟抑郁症完全是反着的。患者不会自杀，也不会自责，他全怪别人，觉得都是别人对不起他，这种抑郁是一种人格上的延续，跟心理的创伤，以及人格的缺陷都有关系，这种情况下，药物治疗效果不太好。这就需要一套组合的治疗，包括心理咨询和治疗、认知行为的矫正等，相当于人生观的重新改善，这样患者才能适应社会。

提问：我以前对什么东西都充满了憧憬，很努力，但是现在好像对什么都没有热情了。自己会尝试着学习新的东西，让自己重新对生活有激情，可是行动上又做不到，于是就会自责、自卑。我想知道怎么样能够走出这种状态。如果这样持续下去，会不会变成抑郁症？

姜涛：这可能还没达到疾病的状态，就是心理上的一种矛盾吧，应该可以通过心理咨询解决问题。可以通过体育锻炼，或者励志学习，调整自己的生理状态。这种状况一般不会持续太长时间，如果持续时间特别长，而且反复在这里纠结，走不出来，就要考虑有没有抑郁症的问题了。

提问：我是一家媒体健康版的记者，我的亲友当中也有被诊断为焦虑的。我想问的是，不管是焦虑还是抑郁，用药和不用药的界限和尺度在哪里？再问一个轻松的问题：姜医生长期处于患者包围中，你怎么样让自己保持内心的力量，怎么样减压的？

姜涛：一般来说，疾病达到一定程度才可以进行生物学治疗。这个程度的判断有几个标准：首先，疾病的症状足够多，而且程度至少在中度以上。所谓中度以上，一是指症状影响到患者的日常生活；二是影响到患者的工作效率；三是影响到患者与其他人之间的交往。这是从功能的角度来考虑的。

其次，是患者的躯体感受，比如说乏力，不能去工作，不能去走路，或者失眠，痛不欲生。一旦达到这种程度，就必须用药了。

最后，就是患者有明显的自杀企图、自杀设计和自杀实施。如果到了这种程度也必须要用药。当然用药的确存在一个问题，就是过度医疗的问题，特别是在一些综合医院，在诊断不是特别准确的时候，就会过早地使用抗抑郁药、抗焦虑药。

一般来说，焦虑症患者最先应该用心理治疗和心理疏导，然后辅助一些镇定、安眠的药，而且不能长期服用。除非出现严重的失眠和躯体症状、植物神经紊乱症状，比如心慌、胸闷、心动过速，或者明显的全身疼痛，这时候才可以用药。但是一旦诊断为重度抑郁症，那必须要用药物治疗，如果延宕治疗时机，很容易出现自杀风险。

现在的问题是，有的病人不是抑郁症，被误诊为抑郁症，这是过度医疗的问题。病人可能有一段时间情绪不好，失恋了，或者亲人去世，这叫沮丧反应，或者叫适应障碍，如果这个时候过早地用药物干预可能也会出现问题。

关于你的第二个问题，我从事这个职业不觉得这是压力，而且我的确能从看病当中体会乐趣。特别是治好了几个病人的时候，那种乐趣还挺高。而且我觉得跟很多病人接触，是非常有益处的。很多患者都很有思想，而且也各有特点。比如像张进老师，我从他那里学到了好多东西。甚至我觉得看病还是挺愉快的一件事，特别是在遇到一些烦心事，解决不了的事的时候，只要一到诊室，这些不愉快就全忘了。

张进：讲一个我亲眼所见的故事。有一天我在诊室旁观姜医生看病，病人里三层外三层围着。有一个患者，我估计躁狂发作了，大骂着冲姜医生扑过去，好在他的两个亲戚把他拦住了。整个过程中，姜医生毫无反应，好像根本没这回事一样。我记得那个患者第三次向姜大夫扑过去时，两个亲属又一次把他拦住，三个人扭打在一起，“嘭”的一声摔在地上。这个时候，姜医生才非常疲倦地抬起头，从人缝里看了一眼，说了三个字：别磕着。

姜涛：一般我们的患者主动攻击医生的很少。这些年我好像从来没遭到过病人武力的攻击。语言的攻击有，但是武力的、暴力的袭击，伤害身体的情况一次也没有。当时我觉得病人不太可能真的攻击我，也充分相信病人家属能控制住他。

图书在版编目（CIP）数据

渡过1：抑郁症治愈笔记 / 张进著. -- 北京 : 中国工人出版社, 2022.4
ISBN 978-7-5008-7824-7

Ⅰ. ①渡…　Ⅱ. ①张…　Ⅲ. ①情绪—自我控制　Ⅳ. ①B842.6

中国版本图书馆CIP数据核字（2022）第040413号

渡过1：抑郁症治愈笔记

出 版 人　董　宽
责任编辑　李　骁　宋　杨　杨博惠
责任印制　黄　丽
出版发行　中国工人出版社
地　　址　北京市东城区鼓楼外大街45号　邮编：100120
网　　址　http://www.wp-china.com
电　　话　（010）62005043（总编室）
（010）62005039（印制管理中心）
（010）62379038（社科文艺分社）
发行热线　（010）82029051　62383056
经　　销　各地书店
印　　刷　北京市密东印刷有限公司
开　　本　880毫米×1230毫米　1/32
印　　张　12.375
字　　数　260千字
版　　次　2022年6月第1版　2024年10月第4次印刷
定　　价　49.80元